闪耀独一无二的你

好莱坞教练的TED表达课

庞杰斯（Jess Ponce）　刘瑄庭（Emily Liu）◎著

洪慧芳◎译

北京联合出版公司
Beijing United Publishing Co.,Ltd.

图书在版编目（CIP）数据

闪耀独一无二的你 /（美）庞杰斯，刘瑄庭著；洪慧芳译．—北京：北京联合出版公司，2018.10

ISBN 978-7-5596-2413-0

Ⅰ．①闪…　Ⅱ．①庞…　②刘…　③洪…　Ⅲ．成功心理—通俗读物　Ⅳ．①B848.4-49

中国版本图书馆CIP数据核字（2018）第171611号

版权局著作权合同：图字01-2018-4360

本书由天下杂志股份有限公司正式授权

闪耀独一无二的你
作　　者：庞杰斯　刘瑄庭 / 著　洪慧芳 / 译
选题策划：北京时代光华图书有限公司
责任编辑：牛炜征
特约编辑：李淼淼
封面设计：新书艺文化

北京联合出版公司出版
（北京市西城区德外大街83号楼9层　100088）
北京晨旭印刷厂印刷　　新华书店经销
字数94千字　　880毫米×1230毫米　　1/32　　6.25印张
2018年10月第1版　　2018年10月第1次印刷
ISBN 978-7-5596-2413-0
定价：45.00元

目录

第 4 章 自信——完全投入，是最动人的表达

第 5 章 魅力——创造强大气场的秘密

第 6 章 闪耀独一无二的你

作者序

你叫什么名字

“你叫什么名字？”这个问题看似简单，却塑造了我的一生。

想象一个胖嘟嘟、卷发、有着天真大眼睛的7岁男孩，穿着教会学校的校服，下课时间独自在游乐场玩耍。我就是那个男孩。

我天生比较腼腆、害羞，但又很爱唱歌、表演，我知道自己跟同龄的其他小孩不一样，但我不在乎。我总是可以幻想各种奇幻的情节，可以找到有趣的玩法。放学后，格雷丝奶奶会微笑地看着我，说我的表演让她一整天都开心，甚至连之前身体不舒服的感觉都消失了。她说："小乖，有一天你会带给很多人欢笑，你注定要成为那样的人。"

某个晴朗的南加州午后，我走向游乐场另一端的洗手间，一群八年级的女生把我叫过去。在我这个小一学生的眼中，她们大我好多，我走向她们时，心里很紧张，因为我走进了大孩子的地盘，但是一想到她们好像想认识我，我又觉得有点兴奋。

其中一个女生问我："你叫什么名字？"我回答："杰斯。"女生们都大笑起来，我觉得很奇怪，但是能跟大孩子在一起，还是让我很开心。接着，另一个女孩又问了一次："你叫什么名字？"我再次回答："杰斯。"这次她们笑得更大声了。然后，又一个女孩问了我最后一次："你叫什么名字？"我在惊恐中听到有人回答："我叫杰——斯——斯。"她们都指着我，捧腹大笑。我突然意识到她们是在取笑我，把我当成笑话，当下我才发现，我讲话有点大舌头。

我觉得很丢脸，也很伤心，觉得自己被耍了、被欺负了。她们是大孩子，应该关照我这样的小朋友，保护我们、安慰我们才对。毕竟这里是天主教学校啊！她们为什么要那样对我？

我强忍着泪水离开，那时我才发现自己的弱点，我说话的方式成为别人攻击我的理由。其他孩子嘲笑我别的事情，我都觉得无所谓，走路的姿势也好，动作也好，反正我已经习惯了。但是取笑我说话的方式，就像夺走我呼吸的空气一样，我觉得很丢脸，直到今天，那种不安全感还是一直跟随着我。

7 岁的我，站在人生的十字路口，当时我下定决心，一定要克服这个弱点。从那天起，我会尽量避开发“斯”音的字，这意味着什么？也就是说，以后我在讲话时必须发挥创意，灵活地运用语言，让自己不再沦为笑柄。

那个决定让我踏上了现在的职业生涯——帮助其他人找到适合自己的语言，能够自信地表达自我，这就是我步入美国沟通传媒领域的缘起。

◎ 从好莱坞出发 ◎

我从小就热爱沟通，我们说什么话、用什么方式说，都让我深深着迷。我在表达概念、想法及真实的自我时不停地发挥创意，这种好奇心促使我走上靠灵活的表达技巧谋生的职业生涯：媒体业。我在南加州长大，不用去其他地方寻找，这里离全球媒体的中心并不远。

我的第一份工作是在洛杉矶的地方电视台担任晨间新闻的制作助理。节目是典型的好莱坞风格，完全不像一般的新闻。除了预定的采访，常有其他人临时进棚客串，例如电影明星、电视演员、音乐家等。他们可能是来播报气象的，或者是参与部分节目的录制的。想象一下，听创作歌手小理查德（Little Richard）、演员莎莎·嘉宝（Zsa Zsa Gabor）这样的好莱坞明星在电视上说周三下午风很大是什么感觉。当时我才 23 岁，可塑性正强。可以想象，我亲眼目睹美国前总统卡特的迷人风采时，有多兴奋。从职业生涯一开始，我就有幸目睹诸多名人和公众人物在媒体上的举手投足与风范。

结束在洛杉矶晨间新闻的工作以后，我又参与制作了无数谈话节目及娱乐新闻杂志，有幸认识不少优秀的制作人、专家和名人，并与他们共事。我负责制作名人和专家的访谈节目，后来也开始自己做访谈。随着经验累积，宣传公司开始找我指导名人，帮助他们为出席记者会、访谈、公开场合做准备。

制作人和访谈者的工作经验让我看到那些台前光鲜亮丽形象的背后。我很快就度过了偶像崇拜期（虽然偶尔还是会忍不住入迷），一头钻进我热爱的工作：分析人们如何谈论自己，以及谈论的时机，我称之为“解构自我宣传的信息”。许多名人和媒体人物都非常擅长这件事。我指导的对象愈来愈多，有电视节目主持人、专家，也有高层管理者。我设计出一套方法和工具——“A 元素”（the A factor），我将在后面的章节中深入解析。A 元素的目的是把专业媒体训练技巧从好莱坞推广出去。

2009 年，我开始接受专业教练的培训，加入国际教练指导学校，在那里认识了刘瑄庭（Emily Liu），她在各方面都和我一拍即合。我还记得在聚会上认识她时，我心里的想法：“这位精力旺盛、聪慧过人的亚洲女生真妙！”

毕业后我们一直保持联系。2010 年，我和多年的好友兼同事艾多拉（Adora）合开了一家媒体和沟通顾问、教练和个人品牌开发公司 Media2×3。我们一起探讨设计了应对媒体与如何沟通的诀窍和建议。在专业成长方面，艾多拉一直是我的贵人，我为她工作多年，她鼓励我去进修教练课程。事实上，我认识刘瑄庭的那次聚会，艾多拉也在场，她也对刘瑄庭留有深刻的印象。

过去几年，刘瑄庭看着我们的事业进步和公司成长，她也逐渐熟悉我的演讲、媒体和沟通教练课程。2014 年，她邀我一起为渥威集团（Awesome Group）开设沟通课程，获得了强烈的反响，促使我写下书中的内容。偶然的一次机会，我们都去了科罗拉多州参加国际教练的聚会，没想到那次不期而遇让我们在好莱坞和亚洲之间搭起了一座美好的桥梁。

我的经验和观点来自 20 年来在娱乐圈打拼的经历，其间我有幸和许多杰出的人物共事，包括奥普拉（Oprah Winfrey）、比利·克里斯托（Billy Crystal）、乌比·戈德堡（Whoopi Goldberg）、茱莉亚·罗伯茨（Julia Roberts）、卡洛尔·伯纳特（Carol Burnett）、贝蒂·怀特（Betty White）、希拉里·克林顿（Hillary Clinton）、丽塔·莫雷诺（Rita Moreno）、罗宾·威廉斯（Robin Williams）等名人。

无论是简短的会面、亲自访谈，还是教练指导课程，我都从这些名人身上学到了明星特质和沟通的诀窍。有幸认识他们，有过短暂的交流，让我的沟通技巧不断精进。

我把这些经验加以调整设计，帮助个人、专业人士和企业，教他们运用好莱坞技巧宣传自已、建立品牌。我学到的都不是学校教的内容，而是贴近名人、耳濡目染的心得。他们都是了不起的老师，和善、认真、激励人心。多年来他们的言传身教令我相当敬佩，我和这些媒体人物、娱乐圈高层、各领域专家的互动及共事经验，就是这整套教练方法的基础。

庞杰斯 Jess Ponce

作者序

难忘的说话课

2013年年初，我站上新加坡的地标金沙酒店会议厅的舞台，我停了几秒钟，静待坐在东南亚最大的会议厅里的近两千位听众安静下来。我准备在接下来的一小时里，为跨国企业客户的亚太区同仁，用英文进行演说。毫无疑问，要掌握这个犹如演讲会的大场面，吸引听众专注聆听，我必须展现我的风采和内涵，让大家觉得花这一个小时是有收获的，也要让在场的所有高层经理人客户觉得这项投资物超所值；更重要的是，当我知道我是第一位在金沙会议厅演说的华人女性之后，一种任重道远的使命感油然而生。

演说开始时，打在舞台上的超亮灯光瞬间全部开启，近两千人如雷贯耳的掌声随即响起，有一瞬间，我的脑中一片空白，心底有个小小的声音说："I have come a long way."（我已经努力了很久，走了很长一段路。）我的意识突然飘回到8岁时，那场难忘的说话课，那时我也是脑中一片空白。

8岁的时候，学校里有一堂"说话课"，是唯一一堂老师不用说话，由学生说话的课程。在填鸭式的传统教育框架下，学校只重视学科表现，所以老师对这堂"说话课"没有任何的说明、示范、准备或鼓励，只是通知小朋友："明天有说话课，每个人要说一则故事或笑话。"我当下觉得那真是最恐怖的一堂课。

我是家中的长女，没有哥哥姐姐可以和我分享经验，父母是在国共内战时期出生的，因为战乱而无法接受完整的教育，终日为生活奔波，对我的课业也抱持着放牛吃草的态度。我知道他们对说话课的实际帮助也有限，所以只好从少得可怜的资源中找到一则笑话，勉强背下来，为第二天的说话课做准备。

“刘瑄庭！”老师叫到我名字的时候，我的耳朵只听到像鼓声一样的猛烈心跳，我呼吸急促，不知不觉地我就站在了讲台上，看着台下的同学们，脑袋顿时一片空白。

几秒钟过去后，我回过神来，支支吾吾地讲了前一天准备的笑话，讲完后，台下鸦雀无声。对于讲笑话的人来说，最糟糕的结局莫过于此。我望向老师，试图得到老师的认同，结果他只回以冷漠的眼神，面无表情地喊出下一位小朋友的名字。想象一下，一个脸色发白、双脚发抖、气若游丝、结结巴巴地“背”出笑话的小女孩，怎么可能会让大家觉得笑话好笑？我下台时，可以感觉到因为羞愧而涨红发烫的脸，心里只想着：“我就是一个笑话！我说的笑话一点也不好笑！”后来，我这堂说话课只拿到七十几分，远低于其他学科成绩。

“我的沟通表达能力很差”“我不会说话”是当时我对自己的认知，加上事后没有任何人帮助我检讨、学习，我背负着自己贴的标签继续上学，课堂中从不举手发言，知道答案也不敢回答，很少主动和同学讲话，这种消极的态度深深地影响了我对学校、课业和社交的兴趣，让我惨淡地度过了我的童年。当杰斯听到我分享的这段童年经历时，他根本不敢相信我曾经是这样的小女孩——与他认识的我完全相反。

我大学时就读于辅仁大学大众传播系，很多传媒界的名嘴都是系里的校友。毕业后我加入知名国际广告公司李奥贝纳，学的、做的都和沟通有关。此时的沟通，不再是成绩单上的数字，而是可以转换成客户的销售成果、公司业绩和投资回报的数字，更见真章。在公司提供的培训课程外，我努力自学，每天工作时都不断地和团队、客户沟通，面对各种产品和服务领域，我要不断地“卖出”自己的点子，甚至会给人伶牙俐齿、反应很快的印象，但我自己却总觉得少了什么。

直到我参与了渥威集团的个人领导力发展课程，才发现原来所有的“how to”“教导”“如何做”课程，所谓的步骤方法、技巧，都是“外功”。如果没有认识到自己扎实的“内力”，外功很容易被瓦解。厘清自己的内在功力，包括对自己有清楚的觉察、认知，能真正了解并接受自己所有的好消息和坏消息，从而发现、发展、练习、突破和发挥自己的特质，由内而外地知道自己是谁，更能展现独一无二的自己，发挥影响力，让世界知道你是谁。唯有以深厚的“内力”为根基，

“外功”才能发挥得淋漓尽致。

当我在美国的教练培训课程上遇到杰斯时，他的专业和特质马上吸引了我。他告诉我，他很羡慕我能到不同的国家提供顾问咨询服务和教练指导，我很确定地告诉他：“你有一天也会跨洋到亚洲来！”能够这么确定，是因为我那时就知道，我一定要邀请他到亚洲来，分享他在全世界最严苛的传播圈——好莱坞——训练出来的专长。

杰斯的理念和价值观与我不谋而合，他也坚信唯有由内而外发挥个人特质，才能充分表达自己，才是有效沟通的基础。他在过去20多年的专业磨炼中，也逐渐发展出自己的沟通工具。

我亲眼目睹过很多次杰斯一语中的的精准指导，其中令我印象非常深刻的一次是：“其实你时时刻刻都在镁光灯之下，不论你是否有察觉。”这真是很好的提醒，不论是在公司会议、日常的学习分享、对客户提案时，还是谈判、约会、家庭聚会、朋友聚餐时，甚至是要拜托交通警察网开一面、别开罚单时，我们都身处无形的镁光灯之下。

2014年，我力邀杰斯和我共同设计“闪耀魅力沟通工作坊”和“领导风范沟通工作坊”，将杰斯的专业经验运用有效的架构和体验式的学习方法，深化学员的学习效果，让每个人都能找到自己独一无二的特质，从真我出发，充分表达清晰的、有自信的、有独特魅力的自我，展现真正独一无二的自己。

我对沟通这个主题有热情，是因为我相信有不少人曾有过类似我在8岁时那堂说话课上的惨痛经历，但那些负面的体验和结果是可以改变的！只要你愿意，只要你相信，只要你有好的指引，只要你愿意下功夫练习，有一天你也可以站在面向全世界的舞台，更重要的是在你自己的人生舞台，在你觉得重要的镁光灯下，闪耀独一无二的你！

刘瑄庭　Emily Liu

前言

东西方碰撞出火花

你可以像明星一样绽放光芒，一切都取决于你自己。

我和刘瑄庭为这本书设定了一个简单但威力巨大的目标：帮你发掘明星特质。我们要帮你在个人生活与职业生涯中像明星那样展露锋芒。

踏入职场以来，我们两人有幸学习与体验有效沟通影响、开发与转变人生的威力。即使我们各自在不同的领域发展（我在娱乐、媒体与传媒圈，刘瑄庭在亚洲企业界的领导力培训与绩效指导领域），但我们一起打造了这个平台，让亚洲人可以发掘及充分发挥自身内在的明星特质。我们一起开发了互补与实用的沟通技巧，通过研习营、指导课程及写书的方式和大家分享。

我的学习方式是让自己沉浸在名人的文化圈子和媒体环境中，即所谓的“名人圈”。这个圈子看似简单，其实不然。名人真情流露、展现真实自我时，确实闪闪动人。没想到刘瑄庭也有同样的感受，她真实地展现了自己是如何在亚洲企业界和个人生活领域发挥深远的影响力的。

谁会想到娱乐圈和亚洲企业的文化竟然如此相似？在这两个领域，成功都要靠目标明确的沟通，我们的目的就是要提升亚洲人的人际互动程度与专业沟通的质量。

我们在教练指导与咨询的过程中都看到，展现真实的自我有时虽然很难，却是让你脱颖而出的唯一方法。我们的目标是传授我们在好莱坞及亚洲企业界累积的实战经验，让大家都能学习、善用这套技巧，为大家带来信心，相信自己的信念，从而畅所欲言。

我们的核心理念是，每个人都是媒体，都有能力展现出我们想让别人看到，感受到与深信不疑的自我。请你暂时放下已经准备好的简报的道具、为董事会做的PPT，以及在酒吧和人攀谈的开场白。在日常生活中，只要充分地展现最好的自己，你也可以绽放明星光彩。一切从下定决心、认真锁定目标开始。

◎ 本书使用指南 ◎

这本书要帮你打造一套超级沟通工具，我将分享我与名人、高层管理者、其他精彩人物的互动经验，他们都是我有幸指导过或采访过的对象。

分享每个案例之后，我会解析我从交流中学到的重点。我希望借由分享，鼓励大家活用这些见解，去改善自我宣传、对外形象塑造及整体的有效沟通。我建议读者在读完每个案例，思考并消化后，试着写下心得。

为了帮你打造自己的万能的沟通工具箱，本书包含：

★每小节最后都有本节摘要与个人探索练习。

★本书最后附有整合的摘要，包括明星沟通的 12 项原则、6 个关键词，以及沟通蓝图。

刘瑄庭和我坚信，每位读者都是拥有独特沟通潜力的超级巨星，而这一切都要从起心动念开始。你可以选择，一切由你决定。

第 1 章
你值得被世界看见

We are all celebrities.
Yes, every single one of us.

01

想被看见，不必成为别人

明星的世界是靠不断的自我宣传运转的，超级明星们都展现出他们想让大家看到的样子。

我们觉得我们“认识”名人，但除了他们希望让大家知道的事情，我们对他们其实所知甚少。连他们遭遇的负面新闻都可以营造成正面宣传，我们只熟悉他们的公众形象，而那个形象始终掌握在他们手中。

名人打造形象是有高明策略的，但那不是他们独自打造的。他们的名气愈大，背后操控整体形象的机制就愈强。他们有经纪人、公关、制作人、工作室，负责宣传与保护他们的个人品牌。很多名人还有专属的造型师、发型师、化妆师、私人教练，甚至还有整形医生和美齿医师——整个团队让他们始终呈现出最佳状态。不仅如此，他们还有形形色色的顾问，例如发声教练、表演老师、心灵导师，帮他们强化各种技能。明星个人品牌的塑造就跟企业打造品牌一样，而品牌的核心就是名人本身。

我的任务就是帮助名人或娱乐品牌经营名气。我和各种相关人员、宣传专家及其他的顾问合作，确保名人开口时不会说错话，确保他们的明星特质持续闪耀。我是媒体沟通教练，是幕后的沟通策略指导者，更重要的是，要帮名人传达目标明确又可信的信息。我是口碑策划师，不仅分析让名人脱颖而出的关键，也帮助他们判断应该展现什么，以及展现的方式。我的理念很简单：找出名人身上某种 真实的特质，再加以推广，让这个特质闪闪发光，我称之为“表里如一的宣传艺术”。

巧妙地自我宣传及塑造正面的公众形象是名人每天的课题，也是我们每个人都能学习及运用的技巧。你在个人生活或职业生涯中也可以像名人那样发光。只要善用娱乐圈自我宣传的心法，你也可以展现出强大的气场（powerful presence）——一种最有力量的、展现最佳自我的能力，可以大大影响你的人际关系、职场专业上的合作与社交生活。

想象一下，你向全世界最有趣的产业学习如何在你的领域绽放异彩，这是有可能做到的。好莱坞和美国媒体的宣传技巧可以帮你在职场上迈向巅峰，例如面试时表现得更好、有效宣传自己的事业、轻松应付媒体采访等，但效果还不止如此。好莱坞的技巧还可以帮你在私人生活中增添魅力，例如在鸡尾酒会上谈笑风生、确保约会顺利进行，以及化解人际冲突。

无论你有没有意识到，其实你每天都在自我宣传。从小你就学会察言观色，根据人际关系和当下的情境遣词造句、调整叙事方法。例如，小时候你和父母分享的故事内容，就和你跟朋友分享的故事内容截然不同。你在不知不觉中已经学会刻意透露你想让对方知道的事情，我想帮你精进的就是这种技巧。

想要大放异彩，你不必成为别人，也不用变成别人期待的样子。我们来看一个我有幸亲身经历的故事，就是一个很典型的例子。

◎ 名副其实的镁光灯女王 ◎

2008年，我制作了一场可能是我职业生涯中最棒的采访。那时我在旧金山的ABC电视台工作，那个晴朗的下午，我和六人工作团队及一位华裔节目主持人一起，在斯坦福大学等候女王驾到，我们都非常兴奋，也有点焦虑。能访问到这位美国媒体界如此重量级的人物，对我们这种小制作人来说是很不容易也是振奋人心的体验。面对这样一位叱咤风云的媒体女王，谁也不敢掉以轻心，我们即将迎接奥普拉女士本人莅临现场。

奥普拉出现时，确实展现出了女王该有的气势，从头到脚都无可挑剔。她身穿高雅的净白夏装，开玩笑说一身雪白可能在摄影机前反光，但接着又笑说，她知道这个问题难不倒我们，我们会想办法处理。她言谈风趣，个性随和，平易近人。接下来相处的几个小时，她侃侃而谈，分享私底下及身为公众人物的经验，在场每个人都听得入迷。

访谈接近尾声时，主持人转向奥普拉，问："很多人说我是亚洲版的奥普拉，您可以给我一些建议吗？"奥普拉的回应非常巧妙得体："谢谢夸奖，我第一眼看到你时，就觉得你美丽大方。听你说有人觉得我们很像，我觉得很荣幸。我给你的建议是，展现最好的自己。我也没办法变成别人，我试过了，你也无法变得像我或任何人，所以，展现最好的自己，勇敢地走出去，尽情做自己，闪耀独一无二的你。"

那些话语回荡在空气中，虽然我听过其他人用类似的方式表达过同样的意思，但是这些话从奥普拉的口中说出来就是不一样，直击人心，马上让人产生共鸣。这位娱乐圈的大姐大提醒了我们，想在世界上发挥影响力，留下足迹，就要活得真实，忠于自我。

奥普拉和其他名人分享的这些精彩理念，影响了我与别人合作的经验。无论我共事的对象是迪士尼的高层、艺人，还是企业界的成功人士，我总是谨记奥普拉的话："勇敢地走出去，尽情做自己，闪耀独一无二的你。"

我认为奥普拉的话有两层意义：第一，把握镁光灯的力量。每次有人请你发言，要知道你的话是有影响力的。你和你的想法可能以你不知道的方式影响周遭的人，大家会从你的言谈中吸取能力，无论是鼓舞人心的还是令人泄气的。所以你应该把握机会，你就是媒体，你在传达信息，不只是以言语传达，也是以你整个人在传达。

第二，不要误以为自己一定要变成别人，才能像明星一样绽放光芒。奥普拉在演艺圈内外一直非常成功，拥有极大的影响力。即使早期刚入行当主播时曾被开除，但并未影响到她后来的发展。你能想象她曾被电视台开除吗？根据她多次受访的内容，被开除反而促使她开始寻找真正适合自己的工作，最终发现自己比较适合当谈话节目的主持人。我们每个人都能找到适合自己的路，发现并充分展现真实的自我，让大家都看见。为了成为媒体的风云人物或明星，我们不必用特定的方式说话、不必非要去做所谓“正确的事”，或刻意模仿别人的方法。我们只需要做自己，在镁光灯照到我们的当下，怀着感恩的心，展现真实的自我，不必总是想要变成别人。

◎ 不是变成别人，而是成为自己 ◎

几年后，我指导了一位电视节目执行制作人，帮助他提高领导能力与沟通技巧。他是节目总监，主要负责节目制作的日常管理。我们姑且叫他马克好了，马克这个人很好相处，个性随和体贴，也很认真。他虽然有这些优秀的性格特质，但总觉得自己欠缺了什么。他担心自己和高层及部属讲话的语调有问题，觉得自己给人的感觉不够分量。

我没有和他共事过，也没看过他在节目现场的样子，但是在我看来，他是个有实力的人。根据他的分享，再加上我过去在电视圈的经验，我觉得他算是能干的领导者。但是他脑中那个自我怀疑的声音使得他无法成为真正的明星。

刚开始指导马克时，他问了我一个问题，那个问题充分展现了他的诉求："你能不能举一些例子，让我知道哪些领导人讲话的语气很有威严？我想观察他们的肢体语言，听听他们说话的方式。"这个问题显示他很想成为卓越的领导者。但是在我听来，他其实是在说："我想表现得跟别人一样，我想模仿正确的沟通方式。"虽然把别人当成榜样可能有点功效，但我深信，他不该把别人视为应该模仿的对象。

马克想知道自己如何变得像某人一样（how），他忽略了在某些情况下该做什么才最恰当（what）。“怎么做”代表着有某种标准方法，但我认为找出“真实的自我、该做什么”，才能让你有所选择，决定权在你手中。

对马克来说，每次节目出现危机（无论是制作延迟还是电视台高层突然要求彻底改变节目），都是检视当下他重视“什么”的机会，他可以趁机检视自己想成为怎样的领导者。那和“怎么做”是完全不同的，“怎么做”意味着有一套既定的公式或方法，只要依循一套既定的步骤逐步进行就可以了。我认为领导者在看清整体局势时，最能有效发挥领导力。换句话说，领导者看的是核心价值与可能的关键变量，而不只是如何反应。

我指导马克几次以后，他开始转变观念，不再只是想做“正确的事”或以某种方式行动，而是真正评估某个情境需要做什么。这让他获得了更大的自由，不再受到自己想法的局限，也不会再想要变成别人。

我们可以转变观念，不再觉得只有一种正确的做法，而是去找出我们觉得真正需要完成的重要事物。有时我们可以做出正确的决定，而有时则不能，但不管能不能做到，即使我们觉得自己失败了，当我们忠于自我而不是变成自以为该有的样子时，才有可能成功。

奥普拉和马克在个性方面都给我上了一课。踏实地待人处事，接纳各种可能，真诚地沟通，可以帮你展现明星特质。想在职场上追求效率与成长，没有固定的公式。真正的成功取决于你，你只需要展现真实的自我。

摘要

★名人都是有策略性地自我宣传的。

★自我宣传及塑造正面形象的诀窍，是每个人都能学习及运用的技巧。

★你不必变成别人也能成为明星，你只需要展现最好的自我。

★找出你身上某项真实的特质，加以推广，让它闪闪发光，就是表里如一的宣传艺术。

个人探索练习

回想一下，你曾经把谁视为成功的榜样、卓越的领导人或某个领域（职场或体育界）的明星，并且拿自己跟他比较。你崇拜那个人的什么特质？

拿出一张纸，对折，把那些特质列在纸的右边。接着思考让你脱颖而出的特质，把那些特质写在纸的左边。比较两边的特质并想一想：

★你所崇拜的别人的特质是你希望自己拥有的，还是你已经拥有的？

★你是想努力培养自己的优点，还是想变得跟别人一样？

★你什么时候会陷入想跟别人一样的迷思？该怎么做？那样做有效吗？为什么有效或为什么无效？

02

你可以选择发光

> 我们都是明星。没错，我们每个人都是。

我们都有能力脱颖而出，绽放异彩，那是一种选择。有时候我们可能突然被迫站在镁光灯前，例如，高层主管突然必须向投资人报告，或家长突然被小孩的学校约谈，你说什么、怎么说都是一种决定。身为明星就是要被看见、听见，勇敢地站到镁光灯前，无论在职场上、家里或社群中。你一定要站出去，被看见，这一切都从站上舞台的第一步开始，无论是实际的舞台，还是抽象的人生舞台。

我有幸合作过的知名人物都有一个共同点：他们必须不断地宣传自己。好莱坞里汇集着许许多多的名人、媒体人和影视高层，所有人都受到严密的检视，他们的成败由大众舆论决定。谈话节目、新闻报道、流行杂志的采访、社群媒体、博客、记者会之类的大平台经常找他们露脸，发表意见。

你在你的生活领域也是知名人物，虽然规模不同，但本质上来说是一样的：你需要自我宣传，你就是个人品牌的代表。

如何展现个人品牌？我们来看所属领域截然不同的两名人，一种是影视明星，另一种不是。

◎ 桀骜不驯的饭店继承人与脚踏实地的农妇 ◎

2002年，洛杉矶某家电视台找我们公司去指导一位知名国际连锁饭店继承人如何接受媒体专访。她才刚录完一系列的节目，节目中，她和朋友到全美各地体验老百姓的日常琐事，例如洗衣服。他们要做自己完全不熟悉的事。

当时艾多拉是我的老板，我和她一起去福斯公司的某栋行政大楼找饭店继承人，走进一个大会议室时，里面坐着制作人、宣传人员，还有几张空椅子。我们坐在对方指定的位置，等候那位饭店继承人抵达。过了一会儿，门开了，亮眼的名媛从头到脚都是名牌，顶着完美的妆容、戴着时髦昂贵的墨镜走进来。她坐在我们对面的位子，一起进来的两位高层主管向她介绍我们，并且为接下来的指导课程设定目标。

轮到我们登场了，我们开始对现场的人滔滔不绝地讲授指导内容。两位高层主管是制作公司的首席执行官（CEO），他们对这位名人和节目都非常投入，都很专注地听我们讲的内容，频频点头回应。那位饭店继承人则一直用侧脸对着我们，目视前方，时髦的墨镜始终没有摘下来。

我们讲完后，开始切入正题。第一步是进行模拟面试，我们想看看这位名媛自然的说话风格、韵律感和个人魅力。这个部分由我负责，于是我走向她，坐在典型的访谈位置，跟她面对面。我们“看着”彼此时，她还是戴着墨镜，所以我客气地问：“可以请您摘下墨镜吗？”她毫无反应，我又问了一次：“我希望能看到您迷人的双眼。”她还是没有回应，我坐了一会儿，心想，管他的！反正我们今天来，无论如何都有钱可以拿。于是，我又说：“我需要在毫无阻碍的状况下看到您，您接受访谈时不能戴着墨镜。”她转向执行制作人，看着他们，他们点点头，仿佛在确认我的要求。于是，她终于摘下墨镜，开始接受模拟面试。从那一刻起，她就开始展现迷人聪慧的风采，描述她在节目中经历的奇怪冒险，不时自我解嘲。

她以两种截然不同的方式“现身”在我们面前。一开始，她把自己定位成冷酷的名人，后来她卸下心防，并在现场的利害关系人认同下，展现迷人的风采，她很清楚她的观众是谁。在这个例子中，她的观众是我假扮的媒体记者。

她是真正的名人，十分清楚什么时候该放，什么时候该收。当时她就懂得经营个人品牌，现在依旧如此，她就是帕丽斯·希尔顿（Paris Hilton）。

相反，几年后我认识了另一位女子，她完全不知道她可以选择展现自己的方式。

那时我在中国台湾地区首度为渥威集团开设沟通课程。讲堂上座无虚席，学员来自各行各业。约半数的学员是年轻的台湾名人，他们来上课是为了精进宣传技巧，其他学员主要是想改善专业技能与提升个人沟通能力的职场人士。其中有两位学员完全没上过任何渥威集团的训练课程，我的沟通课程是他们第一次接触个人发展领域的课程。

当然，课堂中总是有人经常勇于发言，有些人则几乎一语不发，那位农妇就是后者之一。她是两位从未参加过训练课程的学员之一，没有人知道她从事什么工作。直到第二天，当天的课程进行了大约一小时后，她突然在关键时刻站起来说："我一点都不特别，也不卓越，我没什么价值可以分享或宣传。"她站在课堂中如此评论个人的价值时，刘瑄庭给我一个眼神，让我放手发挥。

我针对这位农妇的自我评价，稍微追问了一些信息，但她还是维持一贯的说法："我不是专业人士，没什么可以贡献的。"于是我请她到讲堂前面来，问她："为什么你觉得母亲这个角色没有价值？"她低下头说："因为我不重要。"接下来发生的状况非常特别，我问全班同学对她的看法是什么，几乎所有学员都为她打气，他们对她说出一直想对自己的母亲诉说的话。有些人赞美她，有些人寻求她的谅解。他们真诚的话语和泪水中，充满了深切的感激和敬意。

后来的几个小时内，她变成课堂上的名人，大家都想认识她。这位农妇在无意间站到了镁光灯前，就此闪闪发光。在那堂课中，她一直维持真诚、开放的态度。在那一天里，她从“只是身兼母职的农妇”变成昂首挺胸、满怀自信的素人明星。

◎ 一切由你决定 ◎

我们迈出那一步，让其他人看见的当下，就选择了要不要绽放光彩。那个当下，大家聚精会神，焦点都放在我们的身上。是不是自己选择站在镁光灯前并不重要，我们需要决定的是，站在镁光灯前要做什么。要不要做好准备，你可以选择。我们可以选择了解自己的价值，也可以选择忽略自己的价值。我们可以像那位饭店继承人那样，收放自如地展现自己的身份；也可以像那位农妇，深信自己一点也不特别。饭店继承人充分展现了气势，她选择何时要展现自己个性中的某些特质，以及如何展现；相反，农妇则对此一无所知。有些人也许没那么在意这件事，但正在读这本书的你，应该是很想更深层地认识自己，展现最好的自己的。

这个故事的意思是什么？要肯定自己是独特的。接着，下定决心，展现独特性。先别管怎么做，你只要先肯定自己拥有那些特质就好了。心灵导师玛丽安·威廉森（Marianne Williamson）在《爱的回归》（*A Return to Love*）里说得真好：

“你刻意压抑自己，对世界毫无帮助。收敛自己并不会让人觉得在你的身边更有安全感。我们都注定绽放光芒，就像孩子一样，我们生来就是为了彰显上帝的荣耀。不只某些人具有这些特质，每个人都有。当我们绽放这些光芒时，不知不觉也让其他人能够绽放光彩。当我们从自己的恐惧中解放出来时，也解放了其他人。

摘要

★ 我们都有能力站出来，在自己的人生中绽放光彩，这是一种选择。

★ 你就是个人品牌的代表。

★ 你应该肯定自己是独特的，并且决定把它展现出来。

★ 如何在镁光灯前绽放光彩，你可以选择。

个人探索练习

花点时间想想，你在什么情况下、有哪些做法很像那位饭店继承人，你是展现真实自我还是装出来的？结果如何？接着再想想，你在什么情况下像那位农妇，结果又如何？

第 2 章
最真实的你，就是最好的你

Being a star is not a state of mind;
it’s a way of being.

01

抓住共鸣的一瞬间

明星不是一种心境状态，而是一种存在方式。

我们的谈吐措辞、举手投足，都让别人知道该如何对待及看待我们。上一章提到的农妇，她觉得自己没有价值，镁光灯照到她之前，她从未想过“自己是否独特”，因此选择隐形。那是她无意间做的决定，但依然是一种选择。我们可以选择是否被大家看见，以及是否展现独特的自我。

相反，帕丽斯·希尔顿知道自己很独特，也有能力让大家看见她，她也知道如何审时度势地调整展现出哪一面的自己。我们跟她一样，可以选择对外展露、公开宣传部分自我；可以选择展示哪一部分的自我，以及如何展现、在什么情况下展现。这对明星来说有如家常便饭。这种自我认知及后续产生的行动，就是“明星本色”的基础。

明星本色就是让个人的明星特质绽放：昂首挺胸、坚定自信，肯定你对世界有所贡献。明星本色是挑选出你想展现的个人优点和属性，不是因为虚荣，而是真心相信自己应该认真明确地呈现自我的形象。

清楚地了解自己的潜能，好好把握，培养自己的明星特质。我们太常放弃这种天生的力量，选择退居幕后，放弃掌握内在的明星身份，原因有很多，例如成长环境。我想，心理学家应该可以详细说明其中的原因。不过，这里我想分享我接触过的公众人物（包括老手和新手）如何选择或放下他们的地位。为了进一步说明这一点，我们来看好莱坞老手和新手的故事。

◎ 好莱坞老手 ◎

1998 年，我在某有线电视网工作，负责制作名人生平的节目《名人侧写》（*Celebrity Profile*）。这个节目有一个很棒的优点，就是所有的明星都还健在，我因此有幸能够接触到一些知名人物及其家人、朋友和同事。这个节目的目的，是想以名人的成长经历和取得的成就，以及成名前克服的种种逆境来激励观众，既有教育意义又有娱乐效果。能够亲眼看见明星不为人知的一面，是制作这个节目的一大乐趣。我有机会深入探究他们的童年、经历过的磨炼与考验，以及让他们变得人见人爱的一切。

我最后参与制作的几次录像，主角是一位知名喜剧演员。他在演艺圈备受推崇，是个爱家的好男人，曾荣获黄金时段艾美奖，他刚入行时在电视台表演脱口秀。他也制作并且主演了几部很棒的电影，还主持过几届奥斯卡颁奖典礼，如今仍以过人的机智在幕前幕后娱乐观众，他就是比利·克里斯托。

我的工作团队除了采访比利，也采访了他的家人、朋友和他人生中的一些重要人物。我们询问他年轻时的情况，探索那些使他功成名就的经验。我们谈了一些令人揪心的往事，其中最令他难忘的是父亲心脏病发，意外过世，那时比利才15岁。突如其来的变故冲击了全家，他们提起那段往事时都非常难过，比利的母亲甚至哭了。

后来我们剪辑访谈的内容时，把几段访谈剪辑成一集的节目，然后把带子交给比利的经纪人审查。比利和他的朋友都很喜欢那一集的节目内容，他们唯一在意的是他母亲谈到先生过世那一段哭泣的样子。在他们要求下，我们删除了他母亲哭泣的那一幕，即使没有那一段，故事张力依旧不减。

为什么他会在意？为什么我们在意？简单来说，那段内容对他来说是比较私密的，我们也尊重他的想法，因为他没有什么好隐瞒的。比利已经让我们充分接触了他人生中所有重要的人物，甚至包括最亲近的家人。他也不否认父亲过世造成的冲击，但是那段往事应该如何展现，对他来说是有差别的。当一段往事已经够感伤时，就没有必要再加油添醋，制造不必要的效果。

比利划出了界限，他知道个人品牌的价值及其背后的力量。他就像很多“好莱坞老手”（善于自我宣传、经验丰富的艺人），灵活掌控着自己的形象。他知道自己想给别人什么感觉，该透露几分私底下的生活。他是诚信的、正直的，绝不轻言妥协。

相反，有些名人是因为意外或刻意让自己出现在镁光灯前，他们觉得需要想尽办法一直曝光，甚至无所不用其极。有些人为此不顾原则，反而削弱了自己的品牌；有些人则是慌了手脚，没有经过透彻的思考。他们觉得站在众人面前就要尽可能发光，但那很容易陷入疲乏，可能投入太过，或者不足。他们为了获得关注而任由他人摆布，放弃悠游于镁光灯前，真正从镁光灯受惠的机会。

◎ 好莱坞新手 ◎

刘瑄庭和我刚开始在台北开课时，课程第一天，我们请学员做自我介绍。有些人自我介绍的方式令人大开眼界，有两位学员起身后就马上唱起歌来，而且唱功了得，相当出色。有些人在课程中会不时地展现一点戏剧性，有四个人让我印象特别深刻，他们分别是演员、模特、性感偶像、国际歌手，他们都是“好莱坞新手”。

四位好莱坞新手都知道自我宣传的价值，他们把握一切渠道尽全力自我宣传，从新媒体到传统媒体都不放过。事实上，吉米（国际歌手）在网络上已经红到海外，还曾受邀到“真正的”好莱坞，上艾伦主持的谈话节目《艾伦秀》（*Ellen Show*）。他和另外三位学员都知道自己有特殊的才华，而且从来不吝于展现。

我很佩服他们想要大放异彩的信心和决心，我也希望我二十几岁时有那样的勇气。他们每位都意气风发、自信非凡，立志成为超级明星。

但是那周的课程接近尾声时，可以明显看出他们不知道何时该分享镁光灯。某种程度来说，他们好像永远都站在镜头前，随时抢着曝光。他们都非常清楚自己的独特性，却不知道何时该吸睛、何时该收敛。面对众人时，还有一种情境应该考虑：有时候，得体应对才是提升形象最好的方法。也就是说，要懂得把镁光灯让给别人。

有些时候，选择不成为焦点，反而更能给人留下深刻印象。在这种场合，你可以试着展现不同的一面，甚至卸下心防，真情流露。把握机会以自身的经验和他人建立共鸣，不要总是抢着当话题焦点。例如，你可以谈谈改变你一生的正面故事，或是帮你渡过难关的贵人，或是某次失恋激励你变成更好的人。

要想展现完美形象的欲望，往往让我们不愿显露自己的脆弱面。但是，展现自我不是一种非好即坏、非黑即白的概念，而是要懂得划清界限，要知道在哪些情况下可以尽情地展现自我。另外，你也要懂得营造共鸣契机（alignment opportunities），也就是找到和他人建立共同点、共同经验、类似兴趣的情况，例如发现你们喜欢同一部电影、经历过同样的财务困境、性格可以互补等。

我认为每个人都很想寻找，而且渴望得到那种共鸣。我们都想理解他人，并与人分享共同的经验。想想你第一次认识某个人的社交场合，你不只想要知道对方的职称，也想认识职位背后的那个人。你想交流的对象是另一个活生生的人，一个并不完美、真实存在的人。

共鸣契机是培养关系的关键，需要和别人分享一部分的自己。你分享的东西，最好是你在对方或团体中发现的某个共通点。共鸣契机也需要信任，你需要冒险透露一点关于个人背景的私密细节。至于你选择分享什么、如何分享，完全由你决定。自我揭露的界限该如何划分，往往是边尝试边摸索的，但那也是很多人一辈子都在努力拿捏的东西。

我请课堂上的好莱坞新手找出共鸣契机，他们必须展现自己私密、脆弱的一面，揭露到足够和他人建立连接的程度。这点适用于我们每个人，无论是在工作还是生活中。

课程结束时，演员、模特、性感偶像、国际歌手都意识到成功展现光芒的秘诀，公开表示他们想分享镁光灯。我相信他们先天都是善良得体的人，都想偶尔卸下心防，流露一些真性情。我相信这会对他们未来的职业生涯有很大的帮助。

每个人的公众形象都掌控在自己手中，即使我们决定在某些时候放弃主动，也是由我们自己选择的。我们可以决定展现自己的何种特质，可以调节绽放出来的光芒，时而收敛，时而奔放。我们可以效法好莱坞老手，学习划出自己公众形象的界限；也可以像好莱坞新手那样，学习何时该优雅地应对，培养信任和人际关系。你要事先掌握，自己成为大众关注的焦点时应该怎么行动。

要发现你的明星本色，你需要一套专属你的个人蓝图。

摘要

★我们的行为，让别人决定对待我们的方式；我们的谈吐措辞，让别人知道该如何看待我们。

★明星本色的基础，是确实了解你希望别人看你的方式。

★名人不需要永远抢着曝光。懂得分享镁光灯，找出共鸣契机，才能成功和他人建立连接。

个人探索练习

列出人生中塑造你人格的 5 个重要故事，找出你从每个故事中学会的启示，以及让你更能与人相处的共鸣元素。然后，从每个故事的核心找出 3~5 个重点。接着，以 1~5 分评估你分享那个故事的意愿，1 代表难以启齿，5 代表乐于分享。

选出评分前三名的故事，和别人分享其中一个或多个故事，看对方有什么反应。对方是否有正面的回应？故事是否拉近了彼此的距离？对方是否正确接收到你想传达的意思？你在测试这些故事时，记得注意一下，什么样的表达方式最好。

我们希望借由这个练习，得到以下两种结果：

（1）你可以更自在地表现真实的自己，你也会发现你本来就有能力做到这点。

（2）把上述那几个故事纳入你的沟通工具箱，你就可以开始找寻其他故事，并且定义界限，决定哪些生活领域或背景是你愿意透露的，哪些是你决定保有隐私的。

你分享的东西可能会随着时间流逝而改变。例如，有些名人可能隐藏同性恋的身份很多年，后来决定出柜；有些人可能隐瞒药物滥用或酗酒问题多年，后来分享他们努力戒瘾及成功的故事。而我自己，则是到最近才开始分享前言里提到的童年故事。多年来我一直把那件事埋在心底，觉得很丢脸，难以启齿。但是当我开始说出来的时候，我想和观众产生共鸣的欲望也跟着增强了，那个故事帮我接触观众，拉近彼此的距离。

我还有其他的故事，也许在下一本书中我会更勇于分享。你看，我的沟通技巧和你的一样，也是持续精进的。

02
明星本色的 3C 法则

明星本色就是展现独一无二的强大气场。

常有人问我："如何培养明星本色？"明星本色有三个核心重点：（1）清晰（clarity）；（2）自信（confidence）；（3）魅力（charisma）。这就是所谓的 3C。

前面提过，名人常常通过刻意的自我宣传来塑造形象，他们可以选择对外界透露的信息内容。擅长管理公众形象的人都会巧妙地运用 3C——

1. 他们想传达的信息是清晰的。

2. 他们登场时充满自信，因为他们相信自己，也相信自己对他人的影响力。

3. 他们魅力十足：一种以真实自我和他人建立连接的个人风格。

这对你来说代表什么？你也应该找到自己的定位，并且经营你想呈现的形象。无论是自己创业、找工作，还是持续发挥影响力，你给人的感觉和你展现的形象，都有决定性的影响。你的形象是否清晰、自信、充满魅力？你有没有灵活运用 3C？

我们每个人都会遇到自己成为舞台焦点的时刻，要善用明星本色，首先你需要熟悉自己的潜力，了解个人的潜力可以让你在人生各方面都更有效率，可以帮助你设定目标，达成目标，树立信心：你知道你可以完成任何想要完成的事情。

逐一探索 3C 不仅可以改善你的明星本色，还可以衡量你的明星商数（celebrity quotient，CQ），可以帮你找出你想要持续展现的特质及整体形象。

美国诗人玛雅·安吉罗（Maya Angelou）用一句话解释了明星商数的核心概念："我发现，大家会忘记你说过、做过什么，但永远不会忘记你给他们的感觉。"

我们稍后会探讨如何善用及衡量明星商数。现在你可以先把明星商数想成：你与他人见面后，希望对方记得什么？例如，你希望对方说"她很可靠，机灵又有自信"，还是说"这人挺妙的"？我们可以左右别人对我们的看法和感受，3C可以帮我们塑造自己想展现的形象。

我们来看下面这位喜剧演员是怎么做的。

◎ 神采飞扬的喜剧演员 ◎

我从小就爱看喜剧，即使是现在，我也不会错过最爱的情境喜剧。我常坐在电视机前看那些演员搞笑，那些笑点通常源自于某种误解、意外或误判情势。小时候，格雷丝奶奶陪我看过很多喜剧，我们经常一起看她最爱的电视节目之一《我爱露西》（*I Love Lucy*），奶奶是节目的忠实观众，不只是因为红发露西超级搞笑，她也认为饰演露西的露西尔·鲍尔（Lucille Ball）是把人生活得充实精彩的典范。

喜剧里总是会出现某种混乱或突发的事件，把日常生活搞得人仰马翻。其实真实的人生也是如此，至少我的经验是这样，混乱最后能够化解，通常是因为正确的态度和处理方法。逢凶化吉的关键，是幽默以对的能力，不要太严肃地看待人生。同时，喜剧里的角色面对异常状况时，往往足智多谋、随机应变，这需要两种特质：（1）自我觉知；（2）在情境中选择微笑面对：见招拆招，向前迈进。对我来说，喜剧的根本是一种优雅淡定、欣赏幽默的哲学。

我想，艾伦·狄珍妮（Ellen DeGeneres）和桑德拉·布拉克（Sandra Bullock）这样的明星就是坚持这种态度的典范，她们饰演的喜剧角色适应力很强，很有弹性，又总能坚守原则。虽然我还没有机会见到这两位才华横溢的演员，但我有机会认识另一位喜剧天才。2002 年，我采访了卡洛尔·伯纳特，跟她相处了一个早上。

当时，她刚拍摄完杂志照片，过来接受我们的采访。我们开始不久后，她突然停下来说：“等等，我饿了，我要去找东西吃，你想吃什么？”我说不必了，但她很坚持地说：“你整个早上都在这里，肯定饿了。”喜剧天后居然会关心我，那种感觉很暖心，也很真诚。

伯纳特友善、平易近人、谦逊的态度及优雅的言谈举止让我觉得很温暖，她懂得如何展现风采。

我想，她的风采可以归纳成几个神奇的元素，每个人都可以从中学到一些东西：（1）勇于自我调侃；（2）随机应变；（3）灵活把控当下的状况，不忘初心。当我们有机会站在镁光灯下，这些能力都很重要。

无论是准备简报还是做公开演讲，我常想：“如果换作伯纳特，她会怎么做？”我不是要鼓励大家为搞笑而搞笑，而是希望大家不要太拘谨，不要钻牛角尖，唯有融入当下，和沟通对象保持连接，才能传达有价值的信息，那也是明星本色的一部分。

伯纳特完美地运用 3C。她目标清晰：她的角色就是为了娱乐大众，所以她用幽默面对人生，用这样的态度达到目的。她充满自信：她知道制造欢笑是她的专长，可以帮人放松舒压。她魅力十足：她诙谐、想让人亲近的形象浑然天成，有她在场的情况总是令人印象深刻。

◎ 素人明星 ◎

我们不是演员、政治人物或体育明星，但是我们也常有机会以特别的、微妙的方式出现在镁光灯前，我们的明星本色也可以很强烈，我们都是“素人明星”（everyday celebrity）。

即使我们不是出现在大屏幕上的角色，我们对周遭的世界也同样有影响力。有些人比较保守内敛，有些人比较外放大胆。我们是朋友、同事、亲人、榜样、社群领袖，甚至是陌生人。我们以明星特质吸引他人，有时候我们可能是某人眼中的明星，只是我们不知道而已。我们深深地影响着别人，我们也有非凡的影响力。

对我来说，我人生中遇到的第一位素人明星就是格雷丝奶奶。她是来自墨西哥的移民，很年轻时就来到美国，跟着家人在美国各地生活，她父亲是帮忙建造圣塔菲铁路（Santa Fe Railroad）的工人。小时候我常听奶奶谈起中西部原野的精彩故事，以及那个年代人们的生活。

奶奶和家人后来定居离洛杉矶市区约 20 英里的阿苏萨镇（Azusa），她在那里认识了一位温文尔雅的年轻男子，两人后来结婚，那个人就是我的爷爷雷（Ray）。他们育有 12 个孩子、42 个孙子（我是年纪比较小的），以及无数个曾孙。夫妻俩在当地拥有自己的大家族，但是对阿苏萨镇的居民来说，他们也是大家的“祖父母”与榜样。

格雷丝奶奶没有高贵的出身，但她总是认真地看待每一次冒险与挑战的机会；虽然并不富有，但她总是说自己拥有丰富的关爱与信念，心灵富足。她的一生曾遭遇过很多困境，孩子早逝、病痛折磨、财务困难等，但她总是选择绽放内在难以磨灭的光芒。她把每个孩子带大，定期上教堂，自己栽种菜园，参加体育活动，积极参与社群组织，她总是有时间帮助那些需要帮助的朋友或家人。

这让我想起之前提到那位第一次参与课程，觉得自己一点都不特别的农妇。她也是素人明星，就像格雷丝奶奶一样。我觉得差别在于格雷丝奶奶知道自己是特别的，她的特别来自于天赋，还有乐于助人的心。她愿意付出，因为她知道那是值得的。

奶奶是我的榜样，是她让我有了公开分享经验、力量和希望的动力。她总是鼓励我展现最好、最真实的自己，鼓励我做任何事情都要像星星一样耀眼。我想在此分享两点：第一，素人明星（你我都是）对别人的人生也有极大的影响；第二，人生如白驹过隙，不该浪费时间在根本得不到的东西上，你应该活在当下，珍惜你拥有的资源。

格雷丝奶奶的明星本色不是以自尊与骄傲呈现的，而是以其他的方式：因为关心，她尽可能帮助别人，她也拥有 3C 的特质。她目标清晰：她有能力帮助他人，大家也需要她。她充满自信：她不太关注金钱，觉得自己在其他方面是富足的。她善于倾听、准备丰盛的佳肴、提供建议，以及让小男孩微笑。她魅力十足：她的慈爱自然而然地吸引着每一个人，大家都想待在她身边。

喜剧演员和素人明星都是我们的偶像，伯纳特是喜剧界的偶像，格雷丝奶奶是她生活圈子中的明星。我们每个人随时都能在任何场合发光，我们自己的“好莱坞”往往就在我们眼前。

明星本色在于忠于自我，无论在任何情况下，你展现出来的样子都不该被“你该有的模样”局限。对某些人来说，那可能是“幽默”；对另一些人来说，那可能是“深切自省”（例如诗人或剧作家）或“好奇心”（例如记者）。无论是什么，想要运用明星本色，要先弄清楚你扮演的角色，以及如何在那个角色上发挥。

摘要

★ 明星本色的 3C 是，清晰（clarity）、自信（confidence）、魅力（charisma）。

★ 你可以掌控你给别人留下的整体印象。

★ 要勇于挑战“你该有的模样”或“应该如何”的概念。

个人探索练习

回想你人生中的关键转折点，以及那些转折点塑造出来的角色。例如，你曾经觉得自己必须负责扮演搞笑的那个人，缓和尴尬的气氛吗？你是否遇过只能坚强、只能强撑下去的情境？那些情境让你变成怎样的人：变得更坚强还是更脆弱，更疲惫还是更坚定？此外，你对这些特质是否有清晰的认识，是否有自信能够好好扮演那些角色？

第 3 章

清晰——说出你的故事

Shift your internal dialogue and

witness yourself with clarity.

01

重新看见自己，把绝望变希望

改变内在对话，用清晰的眼光看见自己。

我们脑子里总是有很多对话在打转，不同的声音塑造了我们为自己编织的故事。脑中那些对话的原型，就是这辈子我们听过的别人描述“你是什么样的人”累积而成的。例如，奶奶告诉我，我让她很开心，甚至让她开怀大笑。她因为骨折躺在病床上时，我表演的短剧让她的心情变好了。她说我很有娱乐天分，我从小对此深信不疑。其他人也有类似的故事，例如，从小就有人告诉他们怎样才算是男子汉，或者怎样才算出人头地，那些说法都塑造了他们将来的样子。随着我们成长，那些从小灌输的概念也一直跟着我们，那种声音可能让我们充满力量，也可能局限我们，有时候，某个声音可能会大到盖过其他一切。

当我们分享自己的故事，或是跟别人谈论自己时，我们都在对外界诠释我们是怎样的人，分享我们多年来在脑中为自己建构的故事。别人听到我们的说法、想法和概念时，又会做更进一步的诠释。例如，你告诉别人你拥有工程硕士的学位时，他们可能听到（或诠释）的是“她很聪明”。别人往往不会记得你的故事细节，但他们会记得故事的精髓，你会给人留下一个印象。

谁是让人印象深刻的高手呢？明星最擅长了。我们看到名人时，往往会想象他们很独特。其实我们并非真的认识他们，但是在我们的脑中，他们都是以某种方式闪耀的明星。

◎ 从小到大，我们已经习惯了怀疑自己 ◎

名人备受关注，所有行为都给人留下深刻的印象。有些人渴望像他最喜欢的艺人那样，变得有名；有些人可能没有那样的渴望，但也想要拥有那些明星特质。我认为那是很自然的人性，但是我们要达到明星那种绽放光彩的程度，必须先消除脑中那些吞噬信心的负面声音。

本章介绍的工具可以帮你认识自身内在的明星特质，如果你不觉得自己是明星，就不可能像明星一样闪耀。不过，更严重的是，你还可能因此小看了自己。

我们生来就懂得展现某部分的自己，我们可以改变他人看待我们的方式，那是一种由内而外的方法。如果你只注意外在的言语措辞和行为，效果是有限的。你必须深入内在，看清楚自己抱持的想法，如此才能检讨你所展现的形象。

每个人都有公众形象，但我想问的是，那个形象是否代表真正特别的你？别人对你的观感，真的和你想展现的形象一样吗？为了充分传达你想被记住的形象，达到自我宣传的效果，你需要先检视你的内在对话和故事，以及你扮演的角色。

我认为，每个人都能掌握自己的形象，每天我们都在对外传达跟自己有关的信息，暗示别人应该如何与我们互动。

就像上一章讲的，我们从小就学会这么做。小时候在游乐场上，我们几乎马上就懂得如何跟其他小孩沟通。小时候的我们就知道有各种不同的人际关系，自己要扮演不同的角色。例如，我们是某人的朋友，是某人的学生，是某人的儿子。我们以某个角色和他人进行互动和沟通的方式，是依照关系而定的。我们与父母对话的方式，和我们与朋友沟通的方式一定截然不同。

这种人际关系和角色的基本概念，也跟着我们一起进入长大后的世界。例如，我跟朋友艾莉诺的互动方式和我与母亲的互动方式完全不同。我和艾莉诺分享的某些故事、经验和语言，可能对母亲难以启齿。那不是因为我在母亲面前不够真实或诚挚，只是我很清楚我会跟母亲分享完全不同的内容，基于母子关系才会有沟通上的区分，我不想让她担心或过问太多。总之，我跟你一样，会选择分享的内容及分享的对象。这真的是我们可以选择的？没错！这个概念值得你再读一遍，有没有读进心里呢？

我们从小到大扮演的角色，塑造了我们的沟通方式。我们已经知道如何管控沟通的信息，这项自我认知就是 3C 的第一点——“清晰”的基础。

◎ 洛杉矶贫民窟的 TED 希望计划 ◎

除了名人和娱乐圈高层，我也和一些在某领域非常了不起的专家及媒体人士合作，例如医疗专业人士、科学家、设计师、作家、演讲者，各行各业都有。

有一次，我负责担任几场 TED 活动的简报教练，那是不同的社群为了宣扬 TED 的使命——值得分享的概念（ideas worth spreading）——独立策划的活动。在这次活动中，我收获颇丰。我参与的第一场活动是 TED× Skid Row。我的朋友怡薇（Eyvette）以前是制作人，我们是一起制作谈话节目时认识的。她后来放弃在演艺圈的大好前程，创立非营利慈善机构，主要通过洛杉矶的贫民窟布道团（the mission in Skid Row）运作，Skid Row 是市区内游民与弱势族群聚集的贫困地带，他们大多流落街头，居无定所。怡薇的慈善事业“城市可能”（urban possibilities）希望帮助这些无家可归的人，重新定义他们内心深处那些自我怀疑、被漠视、成瘾和被霸凌的故事，协助他们离开街头，重回社会。那是一个很了不起的转型组织，也和我个人的理念很相符。

某天下午，怡薇打电话给我，问我愿不愿意指导四位年轻人，其中两人当时还住在收容所，另外两人已经开始自食其力，离开收容所了。我的任务是帮他们在 TED× 演讲中分享他们的故事。

当下我脑中闪过的第一个念头：“我跟他们毫无共同点，我该怎么做？”不过，开始指导他们以后，我发现自己和他们的共同点其实比我想象的多。他们都很聪明，充满创意，他们的人生因为突发事件而受到重创，他们的生命故事都充满张力，令人震撼，但他们不见得真正了解自己的价值或优点所在。他们的遭遇让他们相信，自己无法摆脱别人贴在他们身上的标签，例如受害者、施暴者、酒鬼、罪犯、堕落的人或败类等。他们让别人决定他们该怎么做，最后连他们怎么看待自己，都任由别人决定。

怡薇和这四人合作了几个月，帮每个人重新定义失败的故事。她的任务是开发他们不为人知的潜能，把绝望变成希望。我的任务则是帮助他们站到镁光灯前公开演讲，指导他们如何诉说不同的故事，鼓励他们谈论他们早就遗忘的角色，例如艺术家、管理者、作家、父亲、兄长等。

我们用几星期的时间一起练习，这些优秀的讲者颠覆了我的想法，令我自叹不如。他们都充满了力量和勇气，准备好迎接充满各种可能的新人生。

参与 TED×Skid Row 的经验在很多方面对我来说都很重要，其中一大原因是，那次经验让我更加相信故事的威力。我们都是说故事的人，我们第一个学会述说的，就是自己的故事，第一个分享故事的对象，就是自己，内在的对话是非常强大的力量。

◎ 人生是数不清的角色扮演 ◎

自己的故事该如何修整微调，甚至改写呢？第一步就是厘清我们的角色。3C 的第一点“清晰”，始于评估我们展现自我的方式。我们自然地与他人互动及展现自我的方式，让我们可以看见自己自然对话的样子，也可以观察到自己在公开和私底下的表现有何不同。

我们来看一下可能大家都认识的两个名人。他们通过媒体访问，让我们看到他们生活的不同面向，巧妙地展现他们想让大家认识的形象，显现他们的不同角色。

★奥普拉

角色：电视主持人、演员、慈善家、媒体教母。

★林书豪

角色：职业运动员、儿子、榜样、基督徒。

我们也有能力展现自己的某些特质，改变其他人看我们的方式。从我们和别人互动一开始，我们就懂得如何显露自己的某些部分、掩饰某些部分，我们自己主动选择对周遭的人透露与分享的内容。例如，我是教练、朋友、儿子兼创业者，现在也是作家。

为什么我们当中的很多人会害怕认识新朋友，或在同事面前演讲时会那么恐惧、焦虑、紧张？镁光灯打在身上时，为什么我们会选择压抑自己？如果我们有话要说，为什么关键时刻却不敢分享？我认为，那是因为我们脑中只想着一个故事、一个声音或一个角色。我们的挑战，就是打破这些既有的条条框框，找回最适合我们的角色和故事。

作家

朋友

儿子

教练

摘要

★ 我们在人生中听到各种不同的声音，塑造出我们为自己编写的故事。

★ 我们从很小就学会了如何传达“我是谁”这个信息。

★ 了解你有哪些不同的角色，是掌握明星本色第一要素——“清晰”的第一步。

个人探索练习

花10分钟，解析你的个性中有哪些不同的成分，把它们拆开来看。你如何定义自己，用什么方式？你在生活中扮演哪些不同的角色？

画一幅图，分成四个象限，在每个象限填入不同的角色，或是你定义自己的各种方式。为每个角色写下一些特质，每个角色的哪些方面对你有利，而哪些方面对你没有帮助。

02
巧用 A 元素，创造有效沟通

掌握你的观众、议题和行动号召，就能发挥强大的自我宣传力，这就是 A 元素。

确定你扮演的角色及与之相对应的场合，你已经跨出“清晰”的第一步。

第二步就是利用我研究多年所设计的“A 元素”流程。这是我协助所有客户的基础，无论是一般人还是专业人士，我都用这一套流程帮客户发掘明星特质。想驾驭表里如一的宣传艺术，A 元素就是关键。

表里如一的宣传艺术是一种沟通技巧，用来传达你个人独一无二的特质，以及你为对方量身设计、让对方难以抗拒的提案（irresistible offer）。它可以向特定的对象清楚地传达你的定位，帮你更快、更有效率地切入重点。明星常用这种方式应付媒体访问，引导媒体节录重点，或是让自己能最迅速、最直接地回应问题。

我们先来讨论“难以抗拒的提案”这个诱人的说法。我最早是在新域网听一位教练提到这个词，后来我也听过其他人用这个词，多年来，我一直牢记这个概念。我把“难以抗拒的提案”定义成：最真实的自我所提出的独家机会或行动号召。当我们掌握内在某个真实的东西时，就会抓到一种难以抗拒的感觉；而当我们向他人展现那个部分的自己，就是提出了“难以抗拒的提案”。

有了这个概念，接下来要把 A 元素分成三个主要行动：确认观众（audience）、确定议题（agenda）、建立行动号召（action）。

确认观众 specific audience
+
确定议题 defined agenda
+
明确的行动号召 a detailed call to action
=
A 元素
表里如一的宣传 authentic promotion

虽然找出观众，为他们量身打造信息是很基本的营销概念，但是在谈“自我宣传”时更应该特别记得这个概念，因为我们通常不会把自己视为产品或品牌。但明星们都是这样看待自己的，而且他们都很精通经营个人品牌。他们知道，他们的成败是由观众对他们的作品（例如电影、电视节目或唱片）及他们本人的反应而定的。他们就是个人事业的核心，他们受欢迎及受敬重的程度，决定了他们是否成功。

在这个信息透明的世界（包括传统媒体和社群媒体），塑造形象或打造个人品牌很重要，因为你必须一直曝光，维持新鲜感。观众不只想要认识他们最喜爱的人物，也期待明星主动透露一些关于他们的信息。所以不只是明星，如果我们每个人不掌控外界与我们有关的信息，等于是放任大家诠释与操弄我们的品牌。对你来说，那代表什么？观众会根据他们对你的观感和臆测来假设与评估你这个人，除非你完全隔绝人际互动，否则你一定会有一个公众形象。与其放任别人诠释与操弄，你不如好好地灵活掌控自己在别人眼中的样子。

现在，我们深入讨论 A 元素的构成。

观众：对那些需要听你说话的对象来说，什么才是最重要的。

明星接受记者或主持人的访谈时，他们不是只对着访问者说话，也是对着观众说话。主持人或记者代表着一个更大的群体（观众），那些人有共同的背景或兴趣。例如，美国收看晨间谈话节目的观众主要是家庭主妇、娱乐业相关杂志的读者，以及娱乐业从业人员。

明星接受媒体采访时，也是在对特定的观众群体说话，所以他会在访谈中透露和那群观众有关的故事或信息。家庭主妇可能对于明星在拍戏现场的经历、幕后笑料，明星周末喜欢做什么，或者私底下和屏幕上扮演的角色有多像等信息比较感兴趣。娱乐圈的圈内人可能对拍摄技术或营销案件的财务责任、利润分享、制作时间表等信息比较感兴趣。两种观众各有不同的价值观和兴趣。

我们说话时也是面对各有其价值观和不同兴趣的对象。职场上的同事在意的是工作项目，可能想知道某个工作难题的流程和进度，你的伴侣可能只在意你工作有没有成就感、你的人际关系如何，以及其他家务事。

花点时间，思考一下你在生活中面对的不同观众，以及他们的价值观和兴趣。当你对他们说话或和他们互动时，想想他们最关心什么？他们觉得什么最重要？

议题：开口前就开始吸引观众。

一旦确认观众是谁，明星周围的工作伙伴（例如公关、经纪人，或像我这样的教练）会帮他们规划议题。他们帮明星准备需要谈论的话题内容，也就是特定观众在乎的关键信息。明星会有一些自己本打算和媒体谈论的重点，例如，比较演员本人和他饰演的角色，或者是他可以向圈内人透露的电影制作成本。我认为这里需要考虑两种关键信息：（1）跟项目（例如电影、电视节目或产品）有关的信息；（2）跟演员的好感度和可信度有关的信息。两者都很重要，演员必须负责推销作品和自己，所以设定的议题和实际谈论的话题必须与二者有关。

同样的原则也适用于所有人。开会时，我需要准备哪些话题，想传达什么样的信息，如何让对方知道我的立场，满足哪些观众的需求？能不能找出三个可能会影响大家观感的重点，观众觉得什么才是关键？我想给同事留下什么印象，或是和他们培养怎样的长期合作关系？我希望他们把我视为领导者，还是朋友？无论选择哪一种都可以，但前提是必须事先想好。

你可以想象在哪些情况里，工作项目和个人目标都很重要？你会事先准备哪些关键信息？我想再次强调，谈论议题的准备工作非常重要。

行动号召：你希望达到的结果。

行动号召是精确、审慎地表达与提出特定要求、提议或难以抗拒的提案。在好莱坞，我们称之为“宣传”（plug）。所谓宣传，就是帮眼前的项目打广告，宣传电影、歌曲、电视节目，那也是明星受访的主要目的。明星、作者或公众人物上谈话节目是为了宣传特定的作品，例如新电影、新书或活动。

虽然采访者可能也会提出其他问题，但明星的主要目的是让大家知道他的作品，也就是主要议题。不过，光是知道还不够，明星必须邀请或要求大家为该作品做出特定的回应，例如：“别忘了去看我的电影《超级巨星》，八月二日本周五全国上映。”或“我的新书《明星秘密》已经出版了，欢迎大家上网选购。”

行动号召也可以是一种提案，甚至是一种难以抗拒的提案。例如，产品代言人可能提出“特定产品享有折扣”的提案，吸引顾客加购其他的产品。

在生活中，难以抗拒的提案也可能是我们为了培养或修补关系而对他人表现出的特殊善意，我们来看一个例子。

◎ 抢救婚姻大作战 ◎

某天早上，有位中年男子来上我们的课程之前，和老婆大吵了一架。他一来上课就跟我们说，他们夫妻俩已经断断续续吵了一年，那天早上吵得特别凶，老婆说想离婚。那个要求对他来说有如晴天霹雳，我们都看得出来他深受打击。

他继续描述他们夫妻之间的问题，我小心翼翼地刺探他的沟通模式。他和妻子的沟通是否清楚直接？他能清楚地说出他的感受和婚姻面临的问题吗？但他一直为自己辩护：“她不懂我。”“她不知道我真的很努力。”听他谈了一会儿后，我请几位女性志愿者跟他一起角色扮演，目的是通过演绎他与妻子沟通的方式，让他知道女性的观点，也让他有机会响应妻子的离婚宣言。

那次的练习让他大开眼界。现场的女性告诉他，他老婆其实只希望被认同，而不是被视为理所当然。她其实不想离婚，而是希望获得他的体谅与关心，她希望能被听见、看见，在关系中有对等的地位。当他停止为自己辩解、证明自己没错，认真地聆听她们的意见以后，终于领悟到，他需要重新经营与伴侣的关系。

经过更多的回馈、感动、反思以后，他决定做点特别的事。是什么呢？他提议带老婆去吃冰激凌！没错，真的是冰激凌。不要笑，这种出乎意料的行动，就是为了让夫妻俩脱离常态，让他有机会清楚地表达："我不会再忽略你了，每周都会带你出门约会。"这是一个人在气头上的时候，不太可能说出口的话。至于他怎么会突发奇想，想到冰激凌这个点子？是课堂上的女同学建议的。

改变的行动很简单，却强而有力。听了班上女同学说的话之后，他发现直接、简单地给予关注（冰激凌）可以收到很不同的效果。他找到了"难以抗拒的提案"，承诺给予妻子时间和关注，聆听她的想法，陪伴她。他不想离婚，但又不知道该如何表达情感及对妻子的关爱。他的冰激凌提议扭转了局势，虽然只是一次简简单单的约会，他也成功地迈出那一步：采取能够扭转夫妻关系的行动。

在我看来，行动号召是我们踏进镁光灯光环时最常忽略的重点，就像我的一位朋友说的："大家都抢着发言，但抢到发言权时，却又不知道该做什么。"当你有机会说话或扭转局势时，你会怎么做？你会抓住机会创造你想要的结果？或只是填满时间、漫无目的地聊一些没有实质影响力的话？

◎"表里如一的宣传艺术"示范◎

我们来看A元素在目前的一些案例中如何发挥效力。

★奥普拉

观众：我们访问她时，她面对两种观众。第一种是节目的工作人员和主持人，第二种是谈话节目的目标观众——家庭主妇。

议题：她的专业目标是推广、宣传她自己的谈话节目，她的次要目标，也是比较个人层面的目标，则是激励大家及分享她的智慧。

行动号召：展现最好的自己，不要躲在一旁，只想变成别人的样子。她不只对节目的主持人那么说，也通过主持人，在对电视机前的观众说，因此，她持续塑造启发人心的形象，吸引观众收看她的节目。

★ TED × Skid Row

观众：对和自己有着很不一样的人生经历感到好奇的人。他们想知道贫民窟的生活是什么样子，以及这些人如何扭转他们的人生。他们想从这些人的经验分享中获得启发。

议题：演讲者的目标是分享他们的想法，传达“值得分享的概念”。他们愿意演讲，想借此激励大家，告诉大家如何走出逆境。最近出现在 TED × Skid Row 上的演讲者是管理者、老师和艺术家，大家都没想到他们曾经流落街头。

行动号召：演讲者邀请听众参与慈善活动，借此重新检视他们对游民的看法，他们甚至邀请大家当场报名即将举办的活动。

在上述两种情境中，演讲者或受访者（即站在镁光灯前的人）直接拉近了他们和观众的距离。他们很清楚自己想要完成什么，事先做好准备（那位来上课的丈夫就没有做好准备），创造他们想要的改变。

思考 A 元素时，可以想想下面几个重要的问题：

★你传达的信息够特别吗？你有针对特定观众调整信息的传达方式吗？

★你是否清楚地知道你想获得的结果？

★你有没有用令人难忘、独一无二的方式宣传自己？

摘要

★表里如一的宣传艺术是清楚地向特定观众传达及定位自己的能力。

★A元素（也就是实现“表里如一的宣传艺术”的工具）包含三个关键元素：目标、观众、行动号召。难以抗拒的提案是只有独特、真实的自我才能提出的一个特殊机会。

个人探索练习

回顾你最近出现在镁光灯前的时刻，以A元素加以评估。你清楚地知道观众是谁吗？你在开口前已经确定议题了吗？你有向观众提出行动号召吗？我猜，多数人做这个练习时，可能是列举你必须演讲或公开谈话的情况，例如工作场合或公开活动。现在，请思考一下个人生活中的案例，例如化解冲突或增进人际关系。在不同情况下，三步骤的流程是怎么运作的？

接着，思考即将来临的镁光灯时刻，写下A元素的三元素，看你准备得如何，确定你想传达的内容。

03 每一天的清晰沟通

清晰有效的沟通，是做好自我宣传的第一步

运用以下秘诀，让沟通的目标更清晰，明星、娱乐圈高层、媒体专家、个人品牌都用这些诀窍准备媒体访谈及公开露脸的场合，这些秘诀都可以帮你做好自我宣传。

◎ 找出主题 ◎

最强而有力的沟通工具是说故事的技巧，可以帮你和观众建立共鸣，传达你想表达的重点，借由共同经验来强化效果。

几乎所有故事都拥有能够触动人心的主题，例如，关于胜利、成功或向上发展的主题可以吸引某些观众，有些人比较容易被爱、慈悲、宽恕等主题吸引。我们会因为自己的价值观和信念而被不同主题触动，当我们与他人分享这些主题时，也是在分享一部分的自己。

◎ 把握三段式架构 ◎

想和观众建立共鸣，最保险的方法就是说故事或有趣的逸事，但故事的细节可能很杂乱，不知从何谈起。所以说故事时，只要记得三个重点：开头、中间、结尾。只要记住这三个部分就好了，遗漏小细节也无所谓。

◎ 讲出重点金句 ◎

吸引观众最好的方法是让他们觉得意犹未尽，观众只会记得你说的部分内容，所以你传达的内容一定要简短有力，也就是说，这些内容必须可以浓缩成 30 秒的重点金句（sound bite）。

什么是重点金句？“重点金句”原本是新闻用语，意思是足以代表整段访谈或谈话内容的一句话。这里指一个可以被单独摘录出来的句子，即使脱离整个访谈背景，依然能完整、精确地呈现你的品牌、工作或公开形象。为什么重点金句很重要？因为我们都像政治人物一样，一举一动都在别人的检视中，例如，你和别人争论时，对方可能说“但你说过‘XYZ’”。他们可能引用你说过的话来回击你。所以何不学习一开始就把重点讲得完整，避免别人断章取义呢？

◎ 确定意图 ◎

面对观众时，没有必要假装、过度解释或太刻意表现。如果有人无法理解你抛出的观点，你只需要放手，不用太在意。用尽力气迎合每个人，只会顾此失彼，反而失去原本的影响力。只要锁定那些真的对你感兴趣的人就好，从一开始就确定目标观众，直接抓住那群人的心，直接切中他们的价值观。

◎ 建立连接 ◎

别怕分享自己一点点的内在，你不能只停留在表面，因为观众想和你产生共鸣。事先判断哪些东西是你敢放心透露的，划出明确的界限。别把自己推入尴尬的窘境——不小心透露太多，不知道该不该继续说下去。事前准备很重要，你不能完全不谈自己，所以最好事先挑选 5~10 个你愿意和他人分享的个人故事和事实。

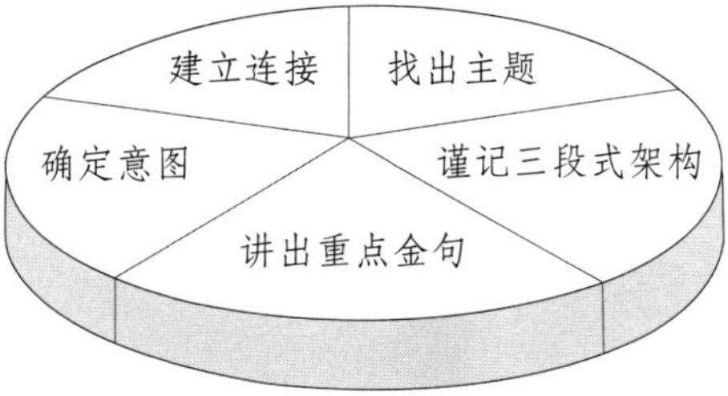

清晰沟通的五个要诀

第 4 章
自信——完全投入，就是最动人的表达

Confidence shows up when you use your entire being and body as a tool of self-expression.

01

感动来自深信你传递的价值

自信有两种：相信你传达的信息是有价值的，相信呈现在别人面前的那个“你”。

谈完清晰，接下来看 3C 的第二个 C：自信。我们都听过，很多人最怕的就是公开演讲。为什么演讲那么可怕？在我看来，我们都是公开演讲者，每天都必须说话、说服别人。我们能否展现光采、有效沟通或得到想要的结果，全看我们有没有自信。

身为媒体沟通教练，我的任务是指导学员面对各种媒体。

最常见的媒体是广播、电视、平面媒体、网络媒体。另外还有一种媒体，是在现场的实时展现，就是你本身。没错，我们每个人都是沟通的媒体，随时随地都在与观众沟通。

有时候我们的观众只有一人：我们自己。每个人都有一种与内在的自己交流的方式，你的内在交流为所有的外在沟通确立了基调。那是一种自我对话，也就是你脑中那个不断对自己诉说的声音。有时那个声音是一种内在激励，喊着："站出去，展现最好的你！"有时候那个声音不断地碎碎念，让你怀疑自己。内在对话是非常强大的。

根据指导他人的过程中积累的经验，加上自己的亲身经历，我发现我们最常听到的内部对话，往往是自我否定的。例如，我们可能对自己说："我做不到、我不能、我不应该……"这可能只是自我对话的开始，却已经为我们的人际沟通确立了基调。这些内在对话塑造了我们的观点、想法、世界观，我们又再把它传达出去。当我们的自我对话很负面时，我们展现出来的样子就缺乏自信。我们会呈现出"比实际上还糟糕"的感觉，而且会开始以为自己真的很不出色。

我们知道如何沟通，但不见得对谈论的主题有信心，尤其当主题就是自己的时候。身为专业人士，我们的内在对话可能离不开竞争。虽然了解竞争对手是有用的，却也可能导致我们不断告诉自己“我做不到”“我比不上，我没有那么好”或“我必须改变”。身为父母，我们的内在对话可能是“我不该”或“我需要”，例如“我不该让儿子那样做”“我需要更严厉一点”或“我需要宽松一点”。无论什么情况，我们的内在对话常常都在质疑自己（身为父母、专业人士、朋友、另一半、创业者等），觉得自己很糟。这样的自我对话让我们很难看清楚自己真实的价值，因此总是觉得自己“必须”弥补某些不足，例如学历、身高、外貌、成就等。于是，当我们需要自我宣传时，心底总是习惯性地自我质疑：“我够好吗？我有价值吗？”

我们换个方式来看，很多人谈到产品、信念或事业时可以侃侃而谈，因为这是他们很熟悉的主题。例如，我们知道如何在销售选题会议上谈论事业，如何在展览会上谈论产品，我们可以自在地表达与推广这些“东西”的价值。

把“东西”换成自己时，我们也能一样侃侃而谈吗？明星可以轻而易举地自我宣传，因为他们非常清楚自己的个人品牌，也可以把个人品牌塑造得很好。他们把自己当成一项事业来经营，我们可能不会这样看待自己。事实上，我觉得一般人都不知道该怎么做，因为我们不觉得自己就是一项事业或一个品牌。我觉得，这种想法来自于内在的矛盾，我们知道“天生我材必有用”，却不一定相信自己真的有价值。

当我们谈论自己时，不需要相信别人告诉我们的事（无论是我们的故事还是别人对我们的期待）。“必须怎样”和“应该怎样”都是信心的敌人。有些人深信，以某种方式展现自己，例如抬头挺胸、搭配手势，就表示有自信。但我认为，当你不了解、不相信你所传达的信息的价值时，再怎么抬头挺胸或搭配手势，都只是在训练演技罢了。

在适合的情境中，搭配肢体语言和“适当”的说话技巧，可以展现自信。但是尚未真正了解信息时的自信是片面的，行动是空虚的。你是否遇到过，有些人在台上讲得唾沫横飞，但你就是听不到重点。这种情况下，我们只是演讲者说话的对象，和他毫无共鸣。

你曾看过有人站在台上做出完美的简报吗？他侃侃而谈，每个重点都直达观众的心坎，他知道观众需要什么，也知道他的产品如何满足观众的需求。我看业务员简报产品时，常看到这种情况，但是换成自我宣传时，例如工作面试、社交场合、第一次约会等，同一个人的表现就没有那么好了，这时他反而无法连接观众的需求和真实的产品（他自己）。他只想呈现出理想的形象（例如专业人士、理想好友或理想伴侣），进入了“应该怎样”或“必须怎样”的模式，因此错过了建立共鸣的机会。

共鸣对自信的建立有直接的影响。无论是生活中还是职场上，你在任何领域被迫接受镁光灯焦点关注时，你是在大家面前展现你自己、你的想法或概念，观众都是活生生的个体，都有真实的情感。如果你只是上台对着他们说话，那只是表演，是个人的独角戏，你只是在念稿，没有真的吸引观众。

无论是一人还是多人，你的观众都是有情感的，你说的内容会触及那些人性共同的要素。共鸣是一种感同身受、设身处地的能力，从他人的观点看事情，知道你们有着同样的经历。共鸣是从根本去理解他人，是基于同理心与体谅的。

◎ 自信不是符合期待，而是自然展现 ◎

我在亚洲开课以后，马上注意到，很多人展现自己时非常注意外表，也有很棒的说话技巧。我接触的亚洲专业人士都是非常沉稳的表演者，总是抬头挺胸，面带微笑与你保持眼神交流。网页设计师保罗就是如此，从外表来看，他充满自信，但他真的有自信吗？其实未必。

专业人士只是展现他们觉得别人想看到的形象，以迎合别人的预期，给人留下那样的印象。我觉得有趣的是，大家都普遍抱持这样的期待，所以每个人变得几乎一模一样，难以脱颖而出。他们呈现的样子毫无个人特色，没有吸引人关注的特点，和其他人也缺乏真正的共鸣。自信不是来自于符合预期的角色，而是来自于展现最好或最真的自己。

我想，保罗的目标是想让人觉得他清楚地知道也能掌控他想传达的信息。在课堂上发言时，他的行动极具专业架势，但这种自信的背后缺乏支持，没有共鸣。他没有“难以抗拒的提案”让客户觉得他不可取代，营销称之为“独特价值主张”（unique value proposition，UVP）。你的独特价值主张就是在市场上让你脱颖而出的独家特质。保罗可以畅谈他的服务好在哪里，但他找不出能够抓住潜在客户的最独一无二的点。

保罗的问题在于他没有专注于满足客户的需求，只是展现出专业形象而已。我们是服务或产品的提供者，客户没有责任分析我们是否符合他们的需求，应该是我们主动和客户建立连接。要满足客户的需求，我们必须完全了解并清楚呈现我们能提供的价值和难以抗拒的提案。

我指导保罗时，他开始试着分析客户潜在的需求。他发现客户可能对科技感到陌生，他们想有一个能精准呈现事业特色的网络店面，他们很想找到一个合作伙伴，一起打造那块园地。如果他在客户面前能响应这些需求（提出难以抗拒的提案），客户就会聘请他设计网站。对他来说，那是怎样的形象？保罗可以自然地展现他的热情、关怀与对工作的热衷。但是，初次和客户见面时，他并没有展现出这些方面。

确定客户的需求后，我们需要花时间钻研一种技巧，当我们需要培养人际关系时，都会用到的技巧：聆听。学习用心倾听，可以让我们变成更好、更有效率的演说者，可以显现出我们有信心充分理解别人及其需求。

其中一种方法是积极倾听（active listening）。这个技巧可以通过拆解、分析观众的特定需求，强化 A 元素。你需要深入倾听对方没有明说但希望你能自动理解的东西，例如潜藏的情绪或担忧。稍后我们会深入探讨积极聆听的各方面，现在我们先用一张表说明你可以怎样练习积极聆听。

观众	需要或想要	情绪	如何建立连接
网络客户	为我的事业量身打造独一无二的网站	担心网站做不好、找不到合作的设计师	重复对方的意思，以图形显示我理解到的需求，确认对方的担忧并展示我的解决方法
潜在老板	找到具备专业能力且性格很合拍的人选	担心找不到合适的对象、被骗、找错人	不仅展示我的技巧，也找出彼此做事方法和个性的相似之处，确认老板想找到合适人选的需求
社交活动的参与者	认识新朋友、新合作对象、潜在工作伙伴	担心浪费时间、尴尬、没默契、虚情假意	询问对方的兴趣，寻找共同点。展现兴趣，但不是为了让对方刮目相看

针对表格中的每个例子，想要建立连接，你都需要确认听到的内容或对方提出的要求。你确实了解、感同身受、明白对方的想法时，就能成功建立连接。你对自己的提案产生

信心，不是因为你符合某个角色的形象，而是因为你提供给对方的，是独一无二的你，是最好的你，那才是展现自信的最好方法。

万一现实中产生突发事件，或八卦谣言开始质疑/破坏你的自信/信念时，会发生什么？我们来看一个例子，这位艺人的优雅，以及和我产生共鸣的过程，让我永远记得、欣赏她的风采。

◎ 破产艺人的优雅回归 ◎

她出过好几首畅销金曲，得过格莱美奖及其他音乐奖项，后来陷入财务危机，就此消失在荧幕前，好一阵子没有消息。不久之前，她的演艺事业才创下高峰，发表金曲 *Unbreak My Heart*。

我的朋友兼同事珊堤（Shahnti）是电视指南频道（TV Guide Channel）的音乐制作人。我们一起到全美各地采访电视明星、电影演员和歌手。珊堤知道我非常喜欢那首歌及那位艺人，所以请我专访才华横溢的唐妮·布莱斯顿（Toni

Braxton）。

对我而言那次访谈就像上星期才发生的事，细节都历历在目。我们开车去比佛利山庄的一家饭店，在饭店房间里搭好访谈布景。等候她抵达时，我看了一下事先准备好的访谈问题，问题主要是跟她的音乐有关，但也稍微提到她之前遇到的挫折。

唐妮一走进来就非常亲切优雅，反而是她的公关人员非常拘谨，这其实是可以理解的，毕竟这是她离开荧幕一年多以来第一次接受访问。唐妮和我相谈甚欢，原定15分钟的访谈，我们聊了一个多小时。她确实有很多话想说，大部分都和她的演艺事业、成长及未来有关。当我们谈到她的财务困境时，她沉思一下才回应："有些人纳闷儿我究竟去哪里了，其实我是去整顿我的人生。现在真正重要的是，唐妮回来了，任何挫败都无法打垮我。人生有可能遇到任何事，如果我遇到那么多挫折，遇人不淑、经商失败等，都还能再站起来，我想每个人都可以。我再回来，是为了把音乐做好，让歌迷开心。"

她不仅面对问题，还正面响应，我称这种技巧为"正面点击"（tap and go）：正面响应问题，而且始终与观众维持连接，从而受到观众的敬重。虽然很多人都爱看丑闻八卦，但大家也很喜欢东山再起的故事，为什么呢？我认为，那是因为这种故事触及人性的核心——我们都会失败，但总是可以再站起来，把自己的人生过好，甚至比之前还好。

唐妮在歌手与个人品牌这两个形象中都具体展现了自信，她没有回避过去，也没有过度渲染之前的事。她也从个人层面和观众维持连接，适当透露她的失意经历，再把重点拉回观众想知道的部分——她将再次带给大家精彩的娱乐及美好的音乐，这是她以前为观众做的事，以后也将持续下去。

◎ 真实最能感动人心 ◎

尊重你的观众，他们才会尊敬你的明星特质。我们都有共同的生命经验，你要观众表示你就像他们一样，也是他们的一分子，而不是与他们有别。同时，当你启发、激励、改变观众的时候，你的明星风采也会跟着闪耀。想在日常生活中展现明星风采，你要感动你的观众，和他们产生共鸣、建立连接。那是一种美好的状态：其实你和观众很像，只不过你有特别的东西可以与他们分享。

你不是照着剧本演出的演员，你很特别，是因为你感动了大家。你的行动可大可小，但一定有影响力。你走到镁光灯下的那一刻，共鸣就发生了。例如，管理者面试新职位候选人，母亲指引孩子，或是某人认识新朋友时，他们都是主动联系他人，期待达成交流。在这些情境中，两个人或很多人之间都建立了连接。

你对专业领域的坚持与信念会以自信的样貌展现出来。你对最好的自我有多深的认同与了解？万一你陷入某种“应该怎样”或“必须怎样”的状态，你的真实自我如何和他人建立连接？你如何为观众带来惊喜？身为素人，想要找出最好的自我，提出“令人难以抗拒的提案”，最可靠的做法是把自己客观化，把自己当成产品，变成个人品牌，就像明星那样。以第三人称看待自己，才能抛开情绪的包袱——那些你多年来累积的负面自我对话及自我怀疑。不要用别人定义你的方式或觉得你“该有”的方式来看待你自己，而是练习观察一个更客观的你。

摘要

★自信的第一关是相信你传达的信息，你想传达的主题毫无疑问是有价值的。

★这种认知是自我宣传的关键，因为我们通常不相信分享真实自我对观众来说真的有价值或意义。

★先探索头脑中负面的自我信念、有害的自我对话、“应该怎样”及“必须怎样”等想法，这是改变想法进而建立自信的关键步骤。

个人探索练习

下面的练习可以帮你用正面方式把自己客观化，我喜欢把它叫作“个人价值练习”。

把一张纸对折，左边写下你目前为止达成的 5 项成就，可以是私人成就（例如，和至爱结婚、养儿育女或从大学毕业），也可以是专业成就（例如升任经理或创业）。完成之后，就先放着。

隔一段时间，再把每项成就量化，填在纸的右栏。为每项成就附加某种衡量指标，例如，在“大学毕业”那一项旁边可以写:“每周工作 40 小时及抚养两个孩子。”

填好左右两栏后，把那张纸折起来，收好。隔一段时间再拿出那张纸，打开来读，并在纸的背面为“完成了那些事的人”写下人生故事。根据那 5 项“事实”，以第三人称来写，不要加入太多个人意见，尽可能客观地写。接着，再读一遍。

如果你比较大胆，可以在朋友面前念出来，看他能不能辨认出做到那些事的那个人就在他的眼前。你有信心在他人面前展现最好的自我吗？注意你的朋友如何反应。他们是否和那个人有共鸣？他们是否和你有共鸣？

02
把观众带进你的世界

当你投入全部身心表达自我时，就会展现自信。

有人说，我的工作是帮人变得有自信，我想这样说大致没错。不过，自信不只需要注意音调、肢体语言，备妥沟通信息而已，你对主题的了解程度，以及主题对观众的重要程度也是很关键的元素。

自信会从你全身散发出来，需要你的身、心、灵全部投入。你的身、心、灵和谐一致时，你是有说服力的、强大的。

你也可以是谨慎从容、富有同情心、活力十足的。本质上，你是自信的。

展现自信的其中一种方式，就是成为你所属领域的专家，那个领域可以是你自己、你的工作或信念。在镁光灯下闪耀的你，深深相信你表达的信息是有价值的，这是非常重要的。参加会议时，你会看到很多主持人或主讲人都展现出那样的专业度。他们展现出对信念的坚持，因为他们是领域专家，他们像明星一样站在会场的前方。

运用协调一致的声音、表情、眼神、姿态和手势作为表达自我的工具，是吸引观众的一大秘诀。此外，是否了解不同情境适用的风格（“果断”或“同情”，“风趣”或“严肃”），也会影响你在镁光灯下呈现的效果。在恰当的情境中为观众展现恰当的态度及举止，是能够靠练习慢慢获得的技巧。

背景（context）也是沟通的重点考虑因素。你可能在镁光灯下展现自我矛盾的能量，但这会破坏你和观众建立连接及展现价值的能力。例如，第一次约会去游乐场，可能不适合讲悲情的故事；学生被警告时，嬉皮笑脸可能不是躲避处罚的最好方法。这些例子的背景也许显而易见，但有些比较微妙的差异也常在日常情境中出现。除了要了解观众，你也需要考虑环境。沟通交流需要考虑的背景包括：

★ 观众的特质：年龄、性别、个人背景、收入等。

★ 观众的心情：他们是否开心、不满等。

★ 交流的目的：跟“议题”的概念类似，是指观众关注你的原因，例如小区大会、第一次约会等。

★ 媒介：你是在镜头前说话、亲自沟通、在打电话，还是通过视频会议沟通。

作为演讲者或主持人，这些因素都能给你提供非常重要的细节，帮你判断在某种情境中最好的表现方式。注意，背景可以帮你更踏实地面对镁光灯，决定最适合的做法。不过要记得，这并不代表你应该偏离真实的自我，清楚背景只是帮你判断应该展现哪部分的最佳自我。

◎ 进入专家模式，释放强大能量 ◎

在所属领域里经验丰富、技术精湛的专家，例如医生、警察、教师等，这些人总是展现某种形式的自信。他们以特定领域的专业身份呈现自己，而且存在感十足。你只是看他们的外表，就知道他们是货真价实的专家，即使他们可能还有很多想法尚未分享出来。

我担任媒体教练时，部分任务是帮各领域的专家转变成专业的媒体名人。可能是在众人面前演讲、上社群媒体宣传，或是上电视受访。我曾在意大利马泰拉（Matera）举行的女性小说节（Women's Fiction Writer's Festival）指导与会的小说家，当我说每个作家都是专家时，获得现场极大的反响。他们是说故事的专家、罗曼史天后、塑造人物的高手。但是，当他们在镁光灯下接受访问或在大会上做简报时，通常觉得自己“只是作家”，不是专家。

我记得现场有一位才华横溢的作家，名叫莎莉。她听到我的话，顿时好像明白了什么，瞪大了眼睛。我猜她以前从没想过自己除了是作家，还有其他价值。她甚至表示，她之所以埋首于说故事的天地，是因为可以化身成别人。在那次小说节上参加我的私人课程以前，她一直是把自己隐藏起来的，我们的短暂交流让她有机会踏入自己的镁光灯中。其实只需要以新的方式挑战自己，就能建立一种私人的连接——有人愿意花时间肯定她的专业与才华。

莎莉发现自己的价值以后，马上散发出自信。她站的方式有了变化，走路的样子更笃定，说话更有力量。这些改变都是我造成的吗？当然不是，我只是一个她尊重、在乎的观众群体的代表，帮她展现出她原本就具备的明星气场。

我曾经制作过一场访谈，访谈对象是西尔维斯特·史泰龙（Sylvester Stallone）。我没有亲自访问他，但我发现他走进现场，跟所有的工作人员打招呼时，散发着强大的气场。他是以专业人士的姿态走进现场的，他是动作片领域的大明星，中等身材，但架势十足。

在采访国际知名拳击手伊万德·霍利菲尔德（Evander Holyfield）时，我见识过另一种自信能量。那是在颁奖典礼的后台，霍利菲尔德走了进来，坐在我对面的椅子上，我看见这位魁梧的明星，举止自然却蕴含力量，穿着利落有型，整个人散发出强大的正能量。

不只是动作明星和全球知名运动员会散发强大的能量，

我们每个人都有那样的能力。我看过很多学员都具备那种能量，他们在自己的领域里都是以真正的专家身份呈现自己的，你也可以。

为什么身为专家很重要？我们遇到专家时，会马上尊重与佩服他们。专家握有权威，以威严又坚定的方式登场，他们可以很自在、有把握地谈论他们的专业能力、立场和目的。从眼神、手势、身体姿态都可以明显看见他们对专业的热情。即使可能有点腼腆或害羞，他们对个人专业的投入是毋庸置疑的。

其实，每个人都能明显展现热情与投入，这两项因素是自信的具体表现，是把内在信念展现给观众，并让观众能感受到的表达方式。

有两位充满自信的高层管理者都曾用简单的一句话解释这个概念。

乔布斯（Steve Jobs）曾说：“不要让别人的意见淹没了你内心的声音。”

沃尔特·迪士尼（Walt Disney）曾说：“把你擅长的事

做到让人回味无穷，甚至呼朋引伴来欣赏。”

我们每个人都是某方面的专家，可究竟是什么让我们无法展现自信？是恐惧。简单地说，我们不敢坚持自己的热情，没有一再犯错、一再尝试的勇气。这听起来很讽刺吗？一点也不。

专家懂得把握机会和积累经验，不断磨炼自己、持续学习，接着再以全新的观点看待事物。从很多方面来说，专家是不断学习的学生，是永远的初学者。

当我们的内心不太确定时，就会反映在肢体动作上。当我们无法坚持投入时，眼神就会泄露迹象。当我们的热情燃烧不完全，表情也会显现出来。这时的我们，没有强而有力的呈现，燃烧不完全的我们，缺乏自信。

◎ 造型师变身电视特派员 ◎

我以制作人及教练的身份参与过许多生活类谈话节目的制作。旧金山有个生活节目找我去指导一位资深造型师，教她如何变成电视特派员。视觉造型师，就是在娱乐圈负责美妆、发型和时装的专业人士，他们知道如何打理这三个元素，确保客户在镜头前是完美的。我指导的这位造型师艾米确实是个中高手。

艾米在工作上的表现非常优异，她有丰富的经验，曾帮无数名人在镜头前呈现最佳状态。她非常清楚那些人需要什么，以及如何强调他们的自然风格，而且她尽量以直接的方式做到这点。所谓“直接”，是说她完全不会拐弯抹角，但她也非常和善，心怀包容，总是给人以支持。很少有人能在沟通应对上做到如此收放自如，正因为如此，节目组才会找上她。

我的任务是帮她转型，从造型师变成电视台的特派记者：把她天生的迷人性格运用在播报工作上。这意味着我需要帮她增进技巧，让她在有限的时间里，巧妙地吸引观众，让观众都迫不及待地想看到结果。此外，我也需要教她如何向观众示范，怎么在生活中自己动手做造型。

艾米有自己的独特气场，她在个人专业方面相当有自信，但在录节目时就不一样了。一开始她很紧张，因为她必须站在镜头前，以前她都是躲在幕后。这正是重点所在，我们不是想把她变成另外一个人，我们的任务是帮她和观众建立连接，这表示她必须展现出身为专家的自信和价值。

一开始，艾米一直抓不到诀窍，无法展现出恰到好处的形象。她采用了一些“必须怎样”或“应该怎样”的表达方式，以为那样可以让她在观众面前显得更有权威、更有价值。那是新手很容易出现的自然反应，他们想改变自己的个性和表现风格，配合预设的观众期待。上电视或对着大家说话让他们很紧张，新的环境或情境让他们感受到压力。但无论是面对一个人还是上百人，目标其实都一样：做自己。

艾米在节目上的紧张状态并没有持续很久，她很乐于学习，也知道她在这个新领域里是新手，她乐于把握进步的机会，学习成为媒体人的技巧。她就像真正的专家，想要持续精进与增加自己的技巧，这样的勇气令我相当佩服。

勇气是让自信的两个要素相互呼应的关键：相信你的信息是有价值的，相信站在别人面前的你。你有多大的勇气？你踏进镁光灯的当下就展现出自信了吗？

摘要

★ 自信需要身、心、灵的投入，当身、心、灵和谐时，你是强大且动人的。

★ 热情与坚持是能够具体展现的特质，是显而易见的。

★ 我们都是专家，都知道如何自在地谈论我们的专业能力、立场和目的。

★ 了解背景是有效沟通很重要的一关，可以帮你判断在某个情境下，面对某些观众时，采用哪种方式最恰当。

个人探索练习

回顾你最近经历的镁光灯时刻，社交活动、小区大会、约会等。列出构成那些人际交流情境的元素，例如，是电话上的交流还是面对面的交流？你和对方很熟吗，还是才刚认识？

你知道这些元素如何塑造你和对方／观众沟通的方式吗？回想你之前的交流，你会改用什么不同的方式？

想想你身为父母、朋友、伴侣、邻居等身份时，如何展现专家的样子？你在专家角色中，是不是展现出了最佳自我？知道自己的专家角色对你和别人的交流有什么影响？你给人什么感觉？你有自信吗？你的想法、情绪和行为都充分展现自信了吗？如果没有，到底缺了什么？

03

每一天的自信沟通

你可能看起来很有自信，但想要真正发挥影响力，你的内在必须坚定、有决心。

想在沟通中建立自信需要特别下功夫。明星准备记者会及公开露面的技巧，也可以帮助你进行自我宣传。

◎ 成为专家 ◎

观众希望从你身上获得信息，接受这点，积极面对。你想让别人知道什么，完全由你决定。不要假设观众都知道你是谁、你能提供什么或你谈论的事物，要让他们能够稍微窥见你的世界，提供有趣的新信息，分享一些观众也能运用的技巧，他们就会很喜欢你。大方地分享你的价值和专业吧！

◎ 展现强大气场 ◎

别拘泥于用语。如果你说话的感觉好像已经演练很多次，像是在背台词，一字不漏地照念，观众一眼就看得出来，你的肢体语言会表露无遗，整个人会感觉很放不开，好像把自然的内在能量关起来了。即使是非常细微的差异，观众也看得出来你好像漏了什么重点、状态不对劲。你应该专注于传达关键的几个信息，让肢体语言自然发挥，这样你才会成功融入当下，呈现出的样貌才会自然，别人才会感受到你的内在和外在能量。专注于重点信息而不是拘泥于文字，会让你的气场更强大。在谈论自己的贡献以前，你必须先真心相信自己的贡献真的很重要。

◎ 肯定观众 ◎

真正地对观众有同理心，才能成功吸引观众。他们希望知道你真的懂他们，了解他们的观点和处境。人与人之间就是因为有同理心才能建立连接，产生共鸣。观众看到演员扮演某个角色时，会觉得演员真的就是那个角色，会对角色的遭遇感同身受。同样，你面对的观众也想在你身上看到自己的影子，透过你验证他们的经验和存在。

我在采访拳击手伊万德·霍利菲尔德时，他强大的气场让我有些紧张。我的运动细胞并不发达，身材也不健壮，要如何找到连接口？采访开始，我的第一个问题问了他的鞋子。没错！我一开口就谈鞋子，我看得出那双鞋很贵，也看得出他（或他的造型师）费了一番心思挑选了那双鞋。我猜想，他应该很喜欢穿得好看体面。这位超人气运动员刻意花时间把自己打扮得帅气有型，我相当欣赏他的用心。我想肯定这一点，从这个细节和他建立连接。他也乐于听到赞美，那个开场让后续的访谈更加轻松自在。直到今天，我的事业伙伴艾多拉还是不敢相信，我竟然会跟霍利菲尔德聊他当天穿的鞋子。

◎ 建立独特价值主张 ◎

摆脱“应该怎样”和“必须怎样”的心态。你是拥有独一无二价值的明星，要是连你都不知道自己的价值，别人也不会知道。把自己视为产品，找出真正让你脱颖而出的特色。是你的专业能力、天赋，还是你独到的做事方法？你有什么与众不同的真实特质？写下只有你有办法带给观众的影响。建立你的独特价值，并且展现出来。在营销领域，这就是“独特价值主张”：让你脱颖而出的特质或“难以抗拒的提案”。换句话说，为什么观众应该花时间注意你？了解你的特质和价值可以帮你营销自己或自我宣传。

◎ 设定情境 ◎

很多元素决定了沟通的情境，包括：

★身体：姿势、肢体语言、位置。

★形象：性别、年龄、风格、卫生等。

★情感：你个人的心情、现场整体的气氛。

★眼神：眼睛和表情会透露出你的想法和感觉。

以上一切会营造出一套背景，提供给我们信息，让我们改善沟通质量。例如，穿着西装的 60 岁男性在会议室里，他瞪着你，双手在胸前交叉；一位 22 岁的女性推销员，打扮时髦有型，在百货公司里向你招手，你看到这两人的反应会不一样。观察环境或场景（观众的身体、形象、眼神和情绪），你会获得相关的线索，让你展现出更有自信的样子。

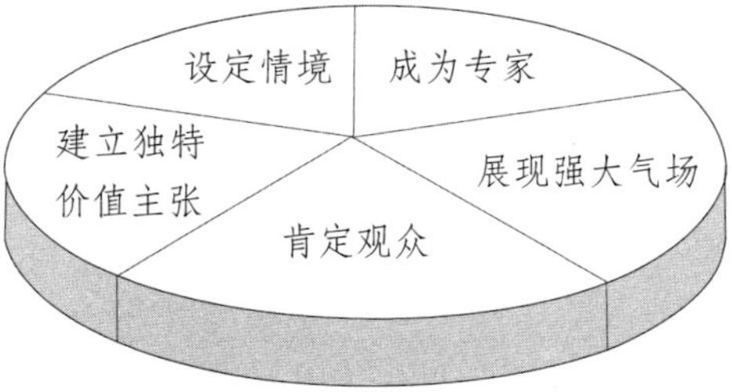

自信沟通的五个要诀

第 5 章
魅力——创造强大气场的秘密

Charisma is the ability to fully engage an audience with your unique and authentic being.

01

魅力就是启发人心的力量

魅力是以独特、真实的自己吸引观众的能力。

娱乐圈普遍相信，好莱坞星光大道（Hollywood walk of fame）都是明星们“赞助”的，讲得更直白一点，他们花钱在星光大道上买到一席之地（花钱就能买到人气这种事听起来好像令人不太舒服）。我认为，每个人都拥有明星特质，不只是在星光大道上有自己星星的人才是明星，你我也都是明星。

你不需要真的在星光大道上拥有一颗星星，不需要有坐览美景的办公室，也不需要有优渥的家庭条件，你天生就已经具备明星闪闪发光的影响力：特别、真实、独一无二的特质。真正的挑战是你如何善用这些明星特质。

你有胆量在自己的“星光大道”上嵌入一颗属于你自己的星星吗？还是你觉得看别人在你周遭闪闪发光就好？如果你甘于平淡，就等于埋没了你天生能够转变、疗愈、感动、指引、启发他人，或是为他人创造无限可能的天赋。找出你本身个性上的特点，加以培养，再好好地展现出来，就是第三个C：魅力。

魅力需要坚持投入及一致性。事实上，“坚持投入”对3C来说都是很重要的成分。魅力是你一再展现出的自我风格。有些人的风格是幽默，有些人则是戏剧性，有些人是直来直去，也有人是讽刺挖苦。

魅力是——

★你传达具影响力的信息时采用的模式。

★你吸引观众、留住目光的方式。

★你启发、激励、启动或转变他人的方式。

★素人内在明星风采的展现。

魅力的根本其实就是你对他人的影响力。

魅力是你独有的表达方式，自然地宣传自己及个人品牌的风格。魅力就是你最好的沟通状态，帮你运用内在的技巧，和他人清楚、自信地建立连接。我们常以为魅力就是迷人、通达人情世故，或是精致细腻的风格，但我觉得魅力不仅限于这种描述，为了说明这点，我们来看看真实世界中的强者风范。

◎ 让人深深着迷的巨星 ◎

我有机会观察两个美好的魅力典范，两位都是非常有名的人物，但风格截然不同。第一位的所有举止神态都非常引人注目，第二位则有一股沉静的力量。尽管个性完全不同，但两位都是不折不扣的强者。

我是在担任《名人侧写》制作人时遇见第一位明星的。我还记得那个春天的下午，我和制作团队搭设专访用布景的情况。我们都准备好迎接这位疯狂古怪的大人物蹦蹦跳跳抵达现场，展现他最擅长的一面，带给全场欢乐，接着迅速退场，没想到事实正好完全相反。

这位演员是在美国的电视上扮演疯疯癫癫的外星人开始走红的。那天，他以平静放松的姿态走进访谈会场，柔和的眼神直视前方，脸上挂着浅浅的笑容，一开始并没有说话。他很安静，或者说更像是害羞。他绕着房间走了一圈，走向每个人，伸手低调地逐一问候："你好，幸会。"接着他坐下来，询问摄影师是否取好想要的镜头了，然后就静静地等候专访开始。

然后，一切就这样发生了。录像开始，我的同事提出第一个问题，罗宾·威廉斯马上展现出他招牌的一面，机智风趣又夸张。他真的棒极了，手势丰富，活蹦乱跳，模仿动画人物的声音说话。那是我参与过的最有趣、最精彩的访谈之一。他的魅力是机智、戏剧化并将其巧妙发挥到极致，他独特的明星特质深深地吸引了我们。

访谈结束后，他微笑着又讲了一个笑话，然后看着采访者问："你想问的都问了吗？"他想确定访问的人及观众都得到想要的答案，而且他是以独有的幽默说出那些答案的。他充分掌握了那个镁光灯时刻，用欢笑感动我们，用动人的故事启发我们。

第二位强者也出乎我的意料。我在职业生涯初期遇到她，当时我在电视台担任艺人助理，任务是迎接来宾，负责带贵宾到休息室，在受访前处理他们提出的一切需求。

这位明星很不一样，因为她不是艺人，而是民权运动斗士。事实上，很多人认为她是帮助推动 20 世纪 60 年代美国民权运动的关键人物。我见到她时，她年纪已经很大了，几十年前，她做了件简单但不平凡的事。她选择在公交车上“往前排坐”，当时的美国，黑人只能坐公交车后面的位子，但那天，她选择打破规定，决定不再服从，她就是罗莎·帕克斯（Rosa Parks）。

帕克斯给我留下了非常深刻的印象，很多人认为她当年做出了非常大胆的行为，但她的个性其实一点都不“大胆”。她宛如一股沉静的力量，两眼直视着你，咧嘴而笑，以安静但强大的磁场吸引住你。我很喜欢听她说话，她很有深度，和善，善于表达。

见到帕克斯时，我说：“很荣幸见到你。”她回应：“我也很荣幸见到你，请问怎么称呼你？”我介绍自己后，我们一直聊了下去，直到工作人员请她上场受访。我每问一个关于她的问题，她也会反问我的情况。我觉得好像在跟邻居聊天，一个声音轻柔、低调又亲切的邻居。访谈即将开始前，我陪她一起走到录像现场，她转过身问我：“等一下还有机会见到你吗？”我回：“没问题。”她说：“太好了。”

访谈进行中，我在一旁看着这位刚刚在后台和我聊天的女士。她态度亲切，和善又专注；她很冷静，说话的语调轻柔但从容严谨。她在访谈中提到，当年她决定挺身反抗不平等，并不是事先计划好的，她只是受够了那些偏见，决定不再忍受下去。当时，她选择活在当下。我遇见她时，她依然活在当下。

罗宾·威廉斯和罗莎·帕克斯有着很不同的魅力风采，但他们给人的感觉都很真挚、诚恳。他们都有非常独特的磁性，马上吸引了我，那样的魅力毋庸置疑。两位明星都有自己的专属吸引力，我们每个人也一样。不过，有一点必须厘清：充满张力、夸张的幽默不是让人充满魅力的原因，轻柔的语调及和善的态度也不是让人魅力无限的关键，每个人展现魅力的方式都不一样，魅力来自于你的独一无二，来自于你内在的迷人特质。

我们通常认为，魅力就是引人注目、抢眼出色或精彩刺激，其实不然。想成为出色的演讲者、主持人或明星，不见得需要外向的性格。你也可以是害羞、保守的，甚至是没有安全感的，其实我们偶尔都会如此，只要知道镁光灯照到你时，你该怎么做就好了。在面对观众前先做好准备，就能营造出很强大的效果。

当我们坚持自己对外界透露的内容、展现的方式，以及和观众建立连接的方法时，就是在打造个人品牌。只要这些沟通行为能维持一致，久而久之，我们就会培养出某种预期和责任。“责任”（accountability）这个词可能会吓到很多人，当别人预期我们以某种方式呈现自己时，我们就会变得紧张，所以，关键就是要展现自然、真实的自己。例如，如果你每次和朋友聚在一起时都会想办法搞笑，你就已经在培养他们的预期，让他们把“你”和“搞笑”这项特质联系在一起。当你突然想要正经、严肃面对事情时，他们可能不知道如何反应。如果你在工作上总是迎合别人的要求，不敢发表自己的意见，你也是在培养大家的预期，让他们觉得你的需求一点都不重要，那样的预期将会让你很受挫，充满怨气。

保持一致性与专注投入并不是限制，而是自己的机会。我们可能有很多种样貌，也应该展现自己不同的方面，但只有当我们确立明确的个人品牌承诺时，才是最能和他人建立连接的时候。“个人品牌承诺”就是你以一致的风格与方式和观众互动。他们知道你的独特价值主张或难以抗拒的提案，可以预期你持续以那样的形象出现。想一想，你每次需要谈心时会找的朋友，或是你想获得某些答案时，总是去找爸爸或妈妈。他们都代表某种能够满足你需求的品牌承诺。你去找他们，是因为你从他们身上接收到一贯稳定的特质。

看到奥普拉或女神卡卡那样的超人气个人品牌时，我们都知道该预期什么，也知道他们会提供什么。不过，我们看这些明星案例时，应该切记：真实是最重要的，再怎么伪装，都不可能持续长久。伪装不仅累人，也毫无乐趣。

我们都有与生俱来的风采和存在方式，当我们展现真实自我时，就是在展现魅力。观众想要的是真实的东西，他们可以看出你言不由衷或不够真诚。我们的世界非常透明，透明到你无法假装成别人。要掌控你的信息和品牌，你展现的形象必须一致。如果你前后矛盾，违背你已经建立的明星本色和个人品牌，观众就会对你失去信任。所以，做好准备，沟通必须真诚，诚实就是最好的策略。

摘要

★ 魅力是你长期一致与投入的自我宣传风格，以真实、有力量又独特的性格特质为基础。

★ 你不见得要外向才有魅力，如何展现最好的自己（无论是安静的还是活跃的）才是重点。

★ 我们在确立个人品牌承诺时，最能和他人建立连接。那是一种互动方式，你传递给别人的信息总是一致的。

★ 观众想要真实的东西，所以不要伪装。

个人探索练习

找出两个你最喜欢的个人品牌，可以是明星，或总是能提出“难以抗拒提案”的知名人物。他们可以是艺人、运动员、政治人物或其他知名人士。

他们的独特价值主张是什么？你可以预期他们总会展现出哪三种特质，他们如何展现那些特质，是表现在他们的言辞中还是行为中？什么行为让你看到他们最自然的魅力？

从你的生活圈中选出这样的人，例如朋友、老板、同事等。他们的个人品牌是什么？他们总是展现哪三种特质？

写下你的反思和你观察这些人物时得到的其他想法。

02
好的沟通是一支双人舞

厘清范畴是最有效的沟通形式。

我的客户准备演讲或简报时，我常听到他们说：“对着一群人讲话好难。”“我比较擅长一对一。”“感觉完全不一样。”他们怕自己传达的信息没被听见或没被理解，担心观众无法像一对一沟通那样给予回应，但事实上，我相信我们每次的沟通一定都会获得某种反馈。我们从观众那里接收到不同线索，判断接下来应该如何互动。唯一限制我们的就是我们自己的观点，以及我们是否充分掌握每次交流的基本沟通状态。范畴改变时，我们会感到焦虑、紧张，甚至不知所措。

对一大群人演讲，或是和一群人沟通时，对方会有反馈，让我们知道该如何反应。反馈是什么样子呢？有时是直接的，例如眼神飘走、微笑或频频点头。观众的肢体语言会显示，他们和我们说的题材及我们本人之间是产生了连接还是缺乏连接。我们可以看出他们是否被吸引，是分心、觉得无聊，还是重视我们说的内容，但这一切都需要特别留意。

有时，反馈不是立即显现的，但会渐渐变得明显。那种反馈会在“行动号召”（你期望的结果）是否达成时出现，要么是“是”，要么是“否”。例如，你怎么知道约会的对象是否喜欢你？那要看他是否愿意和你继续约会。你怎么知道评审团是否喜欢你的演讲？他们会发问，寻求更多的信息，或在会后找你互动。你怎么知道你的推销有没有成功？要看对方是否下订单。在这些沟通动态中，无论是一对一还是一对多，交流或推销之后可能会出现行动，也可能不会，这些结果就是一种反馈。

迅速复习一下，别人的反馈有两种：（1）脸部表情、肢体语言，以及我们从观众直觉感应到的情绪；（2）通过交流产生的结果。这些反馈可以帮我们加强沟通技巧。如果销售成交，下次我们可能会用同一套说辞推销。如果没有成交，我们自然会想尝试其他方法。但困难的是，我们怎么知道要改成什么样子？

我们通常自己认定“他不听我说”“我的说法不够积极”或“我忘了描述某些特质”。如果我们不自己揣测，而是直接请对方反馈呢？想想看，对话可能改变的方式。例如，后续的对话可能像这样：“××客户，您好，我注意到我做完简报以后，您没有下单，可以请问为什么吗？”潜在客户可能回答：“我没买是因为我不喜欢。”听起来是很直接的反馈。

客户不喜欢产品，但他喜欢我们吗？也许吧，虽然我们没有直接那样问，但是听到客户说不喜欢，我们通常直接认为是对方不喜欢自己。这种推论导致我们说话时，会自动把对方每个表情、肢体动作及各种形式的反馈解读成“我喜欢你”或“我不喜欢你”。这种情况，说话者和产品被绑在一起，你以为观众不喜欢产品，也不喜欢自己。

我们换个观点，把说话者和产品或服务分开看，我们现在把产品或服务称为“机会”。如果你是这个机会的代言人或品牌代表，你的责任就是展示这个机会，你的任务是把这个机会的价值和客户的需求及欲望连在一起。这样一来，我们可以说，你就是这个机会的专家，你是以专家的身份和别人分享你对这个机会的了解。

这样分解后，我们就能更清楚地区分我们想要建立连接的动机、机会本身的价值及我们的专业。所以，问题到底出在哪里？是我们做简报或推销的方式不对吗？不见得。

有时候，我们想改进，却锁定错误的目标，例如认为问题出在说话者本身。“我（业务员、代言人或品牌代表）的沟通无效，问题肯定在我。”这句话可能部分是真的，但是身为说话者，我们只是整体沟通的一部分，我们经常忽略另一个同样重要的部分：我们每个人也都是倾听者。

为什么要这样区分？这和我们表达的方式有直接关系。当我们只把自己视为说话者，聚焦的重点有限，我们只根据一半的故事“改进”我们表现的方法，只能改变表面。

这种推论会导致我们妄自菲薄，我常听到学员说：“我的吸引力不够。”“我不够有趣。”“我需要更有亲和力。”无论他们怎么说，结论总是：“请帮助我。”其实，我能做的只是协助你帮助自己。

重点其实不是想办法变得更亲切、更有趣或更有吸引力，而是想办法创造或了解在哪种情况下你可以变得最亲切、最有趣、最吸引人。当我们一心只想着“我需要变得……”时，我们会寻找短期、粗浅的解决方法，难以持久，尤其当我们拿自己跟成功人士相比时，更容易变成那样。我们觉得那个成功人士“自信又迷人”，总是能成功追走美女，他真的很厉害，但那不代表你应该想办法变得跟他一样。

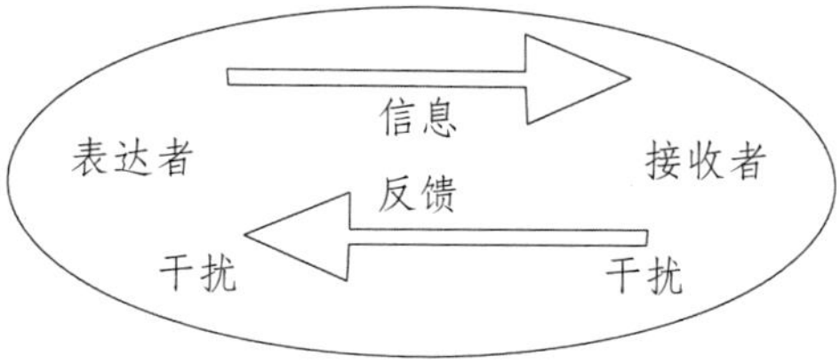

沟通的循环

想要变成更好的沟通者，需要先成为更好的倾听者。在沟通的动态中，我们既是说话者，也是接收者。我们往往只注意沟通的一个方面：表达者。这就解释了为什么学习外在沟通的技巧（例如如何展现幽默或迷人的样子），而没有充分深入内在的世界，只能达成有限的交流。要记得，沟通必须由内而外。无论在什么样的情境下，在沟通的循环中真实呈现自己以打动对方时，最能展现个人魅力。

这里让我们更深入地讨论沟通的循环。身为表达者，你传达信息给接收者。于是，接收者给你反馈。影响交流质量的则是干扰（潜在阻碍或令人分心的事物）和背景（交流情境与观众特质）。这些元素是各种沟通动态的核心，无论是一对一对话还是面对群体做简报。以下是群体动态的例子：抗癌成功的乳癌患者（表达者）对着 200 位医生（接收者）做 90 分钟的主题演讲（背景），谈面对这类癌症病患的最佳方法（信息）。这些元素都是事先成立的，反馈则会在交流中出现。

如何变成更好的聆听者，在沟通的循环中展现魅力？我觉得要通过过两种行为：（1）积极聆听；（2）创造特点。

积极聆听（active listening），就是对观众重复你收到的反馈。例如，老板要求团队周末都要加班，你的同事很不满，他说：“气死我了！周六还要上班真的很不公平。”这时积极的聆听者就会回应：“要放弃周末计划或私人时间来赶这个项目很气人，我完全理解你的感受。”在这个例子中，聆听者复述一次他诠释后的反馈，同时表达自己也感同身受。

在积极聆听的技巧中，“肯定”（validation）是非常实用的工具，那也让原本的接收者（现在变成表达者）提出互惠的反馈，可以进一步说明原先的反应。在上面的例子中，你可能会继续回应：“我完全理解你的感觉，我也很生气，不过加班把东西赶完还是有成就感的。”你可以看出这个对话正在持续，双方有意见交流，不是发泄完“气死我了！”就停止了。

当有冲突或误解时，积极倾听的技巧也可以帮忙减少伤害。同样，积极聆听也可以帮助表达者做简报，例如：“上次我谈这个议题时，有些混淆不清楚，所以这次我想分享这个图，等我解释完后，我会留点时间给大家发问。”这里，表达者聆听他上次的观众，提出一些澄清。另一个例子，明星有时候会提起最近工作项目的幕后花絮，因为粉丝都爱听这种故事。他怎么会知道粉丝喜欢呢？也是从之前的反馈中得知的。你可以想出其他你见过或经历过的例子吗？

◎ 创造明确的区分 ◎

运用积极聆听改善沟通效果的另一个方法，是创造明确的区分（creating distinctions）。仔细聆听观众的反馈，根据反馈厘清尚未解决的问题或没有解释清楚的概念。这需要尊重、描述性的语言和耐心。表达者必须够谦虚，知道他说的话可能需要进一步解释。所以，他选择以更简明清楚的细节来描述他的说法。表达者也应该如实接收观众的反应（观众可能会提出问题），不要只是想着为自己辩解，或认定对方觉得你讲得很糟。别让自尊心成为阻碍。

还没被解释的问题可能隐藏在反馈中，所以表达者必须仔细聆听对方的弦外之音，或直觉地感受对方的意思。例如，在职场上，表达者（主管）可能收到接收者（员工）的回应："你要求我们做的事情不可能完成。"这个回应代表什么？接收者可能感到畏惧、担忧或觉得压力很大。这时主管不该直觉地认为员工在逃避工作。主管如果想更有效地沟通，应该进一步提问。例如，他可以说："我知道这个任务乍看很难，所以我会提供一些支持，你需要什么？"这样沟通就可以持续下去。

我们提出的问题中也需要有明确的区分。前面的例子中，业务向潜在客户寻求反馈时说："为什么您不喜欢我们的产品？"但这个问题其实有更好的问法："您还想知道这个产品的哪些实用信息？我可以提供给您。""您觉得我们该怎么做，可以让产品更实用？我会回去向主管报告。"多一步的回应，就是为了培养信任。这种进一步探询的方法不仅可以用在业务上，套用在人际关系上也一样有效。想想，如果夫妻吵架时，有一方说："你觉得我该怎么做，可以让现况及未来更好？"

下面我们举两个例子，深入探讨在沟通中积极聆听和创造明确区分的技巧。

◎ 绝佳的沟通，就像跳一支双人舞 ◎

我很幸运，曾经有机会重复采访一些明星，多次采访的对象都非常亲切，对于媒体的采访需求，总是很乐意配合，他们都很重视观众。我接下来要提的这位艺人也是如此，她曾获得奥斯卡奖、艾美奖、格莱美奖、东尼奖的肯定。你可能以为这种得奖无数的名人很难采访到，但她没有架子，真心热爱演艺工作。

无论是在舞台上、剧组现场，还是一对一受访，她都知道如何牵动观众，也知道如何牵动采访者，让互动产生最大的效果。有时采访者会顺着现场的气氛采访，不见得在意采访本身的效果如何。我的那次采访完全不是那样，那位明星总是全力从我这边得到最好的反馈，带给我和观众们更精彩的内容。

有一次采访，她在镜头前把我拉过去，用很可爱的方式拿我的发型开玩笑。我先说明一下当时现场的情况，通常我坐在摄影机旁边，也就是明星的对面，我自己不入镜，但这一次她把我拉向前说："大家可能很好奇我在跟谁说话，就是这个头发直到都竖起来的家伙，我不是在自言自语哦！他躲在镜头外可能是因为发型的关系。"当时真的很好笑，我自己也吓一跳，大笑出来，继续跟她开玩笑，我们就这样一直交换表达者和接收者的角色。每次采访她，我都可以感受到那种浑然天成的魅力——慧黠、投入又真诚。她就是乌比·戈德堡。

采访乌比·戈德堡的经验可说是沟通循环的绝佳实例，

双方都提出反馈，共同让交流变得更丰富。那种采访不像网球赛，用问题发球，再以答案回击，接着又发出问题，再回以答案。那种采访比较像双人舞，两人一起在舞池里流畅地移动。

◎ 沟通的循环 ◎

在沟通循环中巧妙运用反馈的另一个例子是护士芭柏（Nurse Barb），她是专业护理师、产品代言人、美国地方电视台的名人。我一开始以媒体教练的身份指导她，教她如何面对采访。后来我帮她设计个人品牌形象，我和事业伙伴艾多拉运用芭柏面对镜头与经营在线内容的能力，把她塑造成药厂和成药的品牌代言人。

身为妇女保健方面的专业护理师，她就像先天的侦探，对任何动态都相当敏感。她的工作是找出可能有害健康的来源。患者求诊时，她都会询问患者的状况，以积极聆听者的角色深入探查，时时肯定患者的经历。例如："我知道那压力一定很大，你很担心……"接着又说："听起来，你的意思是说……"这样做也帮她创造出明确的区分。当患者表达自己很痛，她会接着问是疼痛、酸痛、胀痛、刺痛，还是像刀割的感觉。

芭柏逐渐培养出的这种积极聆听及创造明确区分的能力，让她变成优秀的演讲者，也帮她在镜头前变成充满魅力的品牌代言人。她给人的感觉友善、亲切又博学。同样，我相信每个人都有像侦探一样的特质，帮我们加强积极聆听的技巧。

在沟通循环中跳一支出色的双人舞，可以为我们的魅力加分。乌比·戈德堡巧妙地切换表达者与接收者的角色，用机智的幽默感吸引观众。护士芭柏则是用积极聆听的技巧，加上创造明确区分的能力，她展现助人及关怀的本质。

在沟通循环中，表达者与接收者之间的交流及积极聆听，是展现魅力的必要条件，为什么？因为，这些技巧帮助我们放开自己、敞开心胸，不再被“该怎样表达”等先入为主的观念束缚。

摘要

★ 在沟通循环中，灵活地切换表达者和接收者的身份，可以让你自然流露真实的魅力。

★ 想成为更好的表达者，需要先变成更好的聆听者。有两种方法可以让人成为更好的聆听者：积极聆听，以同理心来诠释对方的说法；在言语中创造明确区分。

★ 沟通不像网球赛，只是问题和答案的来来回回，好的沟通更像双人舞。

个人探索练习

测试你的聆听技巧好不好，可以看有没有出现过以下两种情况：（1）对方没说，你却把对方的说法解读成负面的，例如争执或冲突；（2）对方确实说了什么，但你没有听到，或是没有听进去、实际接收到。为什么你会有那些想法？下次可以怎么做、改善你的聆听技巧及反馈？

想一想，你有多经常自顾自地说话，完全没有聆听别人在说什么。有时候你是不是只想把信息传达出去？什么时候你会出现这种情况？是一对一的对话、简报，还是公开活动中？

列出善用侦探性格，变成积极聆听者的三种方法。列出你在用语中创造明确区分的三种方法。

03

每一天的魅力沟通

当我们花心思呈现最好的自我，魅力就会自然显现。

以下是善用自然魅力的一些方法。

◎ 创造明确区分 ◎

运用言语勾勒出视觉图像，使用描述性的用语描绘出细节及信息的精髓。避免过度简略或使用过多的业界行话，记得解释术语和缩写词。确保观众听到你说的每个字，都确切知道那是什么意思。如果需要多用几个字才能说清楚，也没有关系。例如，说“我喜欢水果”和“苹果是上天的恩赐”是不同的。说话一定要明确，有意义。不要告诉别人你很搞笑，而是通过分享好笑的故事展现你的幽默。不要告诉观众你很时髦前卫，而是以强有力的信息，巧妙展现出你精彩丰富的阅历。

◎ 建立品牌一致性 ◎

观众想要的是真实可靠的东西。你对着别人说话或展现自己时，他们预期看到和听到什么？塑造品牌（branding）是指你在情感上和观众产生共鸣，维持他们的信赖，持续对他们负责。那种不变的承诺让你及你的提案脱颖而出，所以，你应该花时间界定自己与众不同的地方，并持续精进。维持品牌的一致性，全心全意地投入，就能吸引忠实的支持者。

◎ 积极聆听 ◎

仔细聆听弦外之音。除了对方实际说出来的话，需要仔细聆听的东西还很多。有时候，对方可能觉得自己已经讲得很清楚了，其实不然。你可能需要探究对方没有明讲的意思、感觉和想法。有时你可以运用直觉感受，但也会需要根据对方的反应才能判断。简单的做法是，听完对方的回应，马上复述一次你听到的内容。你可以使用问句，向对方确定你听到的意思。即使对方可能会觉得很烦，确认一下还是比擅自假设对方的意思而犯下大错要好。即使面对最亲近的人，积极聆听的技巧也很有用。

◎ 练习各种技巧 ◎

很多人以为，活力十足的形象就是用很高分贝的声音不停地说一大堆话。我们要破除这个误解，那种说话方式真的很讨厌，没有人喜欢那种讲话方式，听起来很累人。所谓的活力，应该是音量和说话速度适当变化。你越常练习各种技巧，例如在分享特别紧凑的故事时，善用停顿来制造效果，沟通就越游刃有余。所以，秘诀就在于利用你比较有把握的场合多练习几种沟通技巧，这样一来，面临重大场合时，你的表达就会更加纯熟自然。

◎ 有始有终 ◎

提出问题却毫无反馈是最糟糕的，会让人很恼火，觉得自己不受尊重或遭到冷落。此外，不清楚的回应会让人误以为答案就是他们内心假设的答案，那往往是负面的。简单回应“对”或“不对”是一种尊重与果断的表现。即使是“我会把这件事纳入考虑”这种不确定的答复，也显示你至少听到对方的要求了。回答问题，关注尚未处理的要求，最后记得道谢——这些都可以创造清晰的效果，展现尊重。这就是一种魅力的展现，你拉近了彼此的距离，而不是把对方隔绝在外。

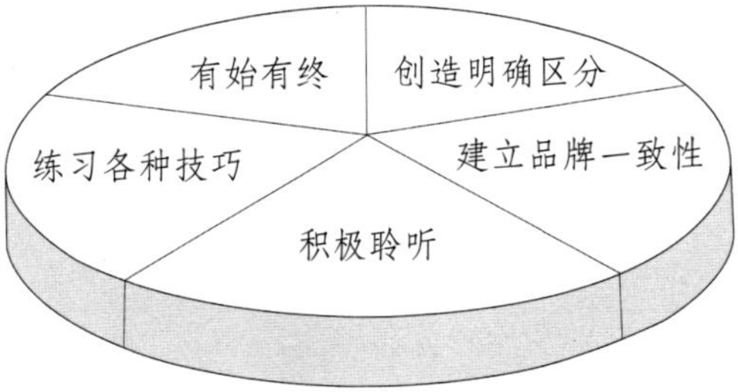

魅力沟通的五个要诀

第 6 章
闪耀独一无二的你

Being liked is not enough.
People need
a compelling reason to
continue to listen to you.

01

找出最能代表你的明星商数特质

通过明星商数设计、规划与管理你给别人的感觉。

明星的养成需要下功夫经营，没有捷径可走。幸好，成为明星的技巧是每个人与生俱来的。我们在前面几章探索了3C，现在要进一步融会贯通。我设计了“明星商数”（celebrity quotient，CQ），你的明星特质都可以用这个工具来包装。

◎ 什么是明星商数 ◎

明星商数可以衡量你的明星本色的各个方面，从设计、规划到管理。它能够追踪与维持你想要给人的感觉，也就是你想给观众留下的印象。它会帮你展现魅力，为你的个人品牌奠定基础。

例如，有人可能希望给人坚强、慈爱、充满关怀的感觉，有人可能希望让人觉得性感、从容又幽默。不一样的人，是不同的产品或个人品牌，各自形象独立分明，看起来、感觉起来、听起来都不一样，各有不同的独特价值主张。

找出你想给人的感觉或印象，就已经为沟通及宣传最佳自我奠定了基础。这个印象决定了你的措辞、言谈的节奏、衣着打扮和眼神交流等，基本上，明星商数确立了你整体的沟通风格。坚强、慈爱又充满关怀的人在说话、穿着、眼神、言语沟通方面，都跟性感、从容又幽默的人不一样。

上面的例子中，我们看到的是两种截然不同的生物，你可以把一种想成身上有紫色圆点的斑马，另一种想成身上有彩虹格纹的企鹅。两种都是独特的，都很有吸引力，但它们是拥有不同特色的特殊生物，习惯动作、登场方式、沟通的方式都不一样。

◎如何运用明星商数◎

明星商数是“沟通”和“吸引关注”的蓝图，指引我们在不同情境中该有的行动、穿着与言谈。明星商数是个人品牌的宣言，首先，要找出能够描述最真实、最佳的自我特质，明星商数帮助我们发现、决定我们想成为什么样的素人明星。

从过去几十年观察明星的经验，我设计出了明星商数这个工具。明星真的都用这种方法吗？没错，但他们本人不会那么刻意注意细节，他们背后有一群人帮他们打理形象，确立个人品牌。例如，说唱歌手谈起自己的情史、乡村歌手聊到痛苦经历，或热舞明星谈论自己和他人交往的过程，三者要传达的信息和形象都不一样。随时保持迷人风采的女主角和搞笑的跟班角色是不同的，所以明星周边的团队会帮忙定义出让明星与众不同的特质。

建立明星商数其实很简单：只要从最佳的自我中找出你

想传达的三种特质，确立你想要给人的形象。利用这三个特质（例如激励人心、热情、聪明）建立个人形象以后，思考为了塑造那样的个人品牌，你需要的故事、自然的手势 / 语言、真实的心态。确立明星商数可以帮你塑造更好的沟通、领导技巧和人际关系，也可以帮你建立自信，让你更踏实，知道你已经达到更高的目标。

◎ 星光熠熠：好莱坞颁奖季 ◎

演艺圈的明星商数无所不在，接下来的故事表明明星商数是如何以最轻松的方式自然展现的。

娱乐圈的人说，洛杉矶分两季，试映季（pilot season）和颁奖季（award season）。我比较不熟悉试映季（为新剧制作试播节目），但身为娱乐媒体工作者，我可以非常肯定地说，颁奖季就像超级杯或世界杯，是年度超级大事。

从红毯背后的摄影师、卫星联机车的司机、制作人、娱乐记者到红毯上的明星及公关人员，参与活动的每个人都知道，这就是一种商业行为，是专职宣传的行业，更具体地说，是自我宣传的工作。

洛杉矶其实很少下雨，但每次颁奖季至少会有一个颁奖典礼碰到下雨天。我参与颁奖季十几年的那一年也不例外。

那年的全美民选奖是在洛杉矶郊外某个较小的会场举行的。相较之下，全美民选奖是规模比较小的节目，但是与会星光依旧灿烂。

一整天访问了很多明星，终于要收工，我们需要拆下灯具、收缆线并打包。收工流程可能需要一个小时以上，视工作小组的规模而定。其他的小组已经收好装备，进入媒体中心。当时我们是比较小的娱乐频道，排在采访线的尾端，连进入后台媒体中心的机会都没有。

那时现场变得很安静，气温很低，会场前方已经没什么人影，有位公关人员突然从楼梯上冲下来，穿过我们，冲向刚停在门口的礼车。车门打开后，一位女星走了出来。那位公关上前迎接她，接着两人一起上楼。

他们一起离开时，我转过身对同事兼朋友珊堤说："你觉得那是……"她说："没错。"于是，我们呼唤她的名字，几乎用恳求的语气说："能不能请您跟我们谈谈？"接下来，仿佛经过了史上最长的停顿，她转过身，看着我们，露出微笑，走向我们。明星那么晚才溜进现场，通常是为了躲避媒体。但这位女星知道宣传的价值，也知道这是她身为明星该做的事，她以行动回应了我们的请求。

我们眼前这位明星，是对访谈内容精挑细选的人，我们却问了一个非常没劲的问题，那个问题有点像："今晚来这里有什么感觉？"她优雅地回答了问题，接着还以"还有其他问题吗"的友善眼神看着我们。接着，她以一贯的专业风采对我们说："谢谢。"然后再次看着我们，露出她独特的万人迷笑容。她走进会场时，我知道那可能是我职业生涯中亲自采访茱莉亚·罗伯茨的唯一机会。

那次交流让我想起两件事：（1）明星本色就是清楚知道自我宣传也是表演的一部分；（2）当你有机会和某人一起在镁光灯下共舞（像我们遇到茱莉亚·罗伯茨那样），你要知道你想要得到什么。坦白说，我们当时都没做好准备，但她肯定做了十足的准备，非常清楚自己的品牌。她给人温和、体贴、友善的感觉，她的明星商数是显而易见的。

明星商数是一种衡量魅力的工具，所以你必须事先知道你想给人什么感觉。身为采访者，我们的明星商数不会显露出来，但茱莉亚·罗伯茨受访时，明星商数是清楚展现的，我相信她在每个公开场合几乎都是如此。对我们来说，有个问题可以帮我们展现明星商数："离开时，我希望别人如何谈论我？"你希望别人说出令人难忘的好话，还是毫无印象？

明星商数会开发你天生的能力，帮你找出独一无二的特质，加以发挥。你可以运用那些技巧改善沟通质量，在私人生活与专业领域里获得更好的成果。如果你想变成更有效率的老板，可以运用你的明星商数，让团队成功动起来；如果你想给刚认识的人留下深刻印象，可以利用你的明星商数；如果你想让约会对象觉得你很有魅力，可以检查你的明星商数是否真正代表你是谁。

◎ 明星商数与 3C ◎

我们回头来看 3C：我们一定要同时具备清晰、自信、魅力吗？不能只有其中一项吗？我认为 3C 是培养明星本色的必要条件。其实，你可能已经具备其中一两项能力，只是你不知道而已，所以你可以专注培养自己比较缺乏的项目。找出你的明星商数，可以指引你该专注开发 3C 的哪一项，以及如何达成自我宣传的目标。

明星商数是可以衡量的，我们接下来就会谈到。在那之前，我们先思考一下你的明星商数。哪三项特质可以代表最好的你？你如何以自信、有魅力的方式，清楚展现那三项特质？它们是否提升了你的明星本色？确定你的明星商数是一切的指南。

摘要

★ 我们就像明星，都活在大众舆论与外界目光的舞台上，想要获得尊重和敬佩是很自然的。

★ 明星商数是运用你自然的明星本色，找出展现你最佳自我的三个特质，并将其发挥到极致。

★ 你的明星商数就是个人品牌的基础。

个人探索练习

列出你想展现的三种特质，以我为例，三种特质可能是坚强、精明、真诚。你可以从下面的表格中寻找灵感，但不要局限于表中列出的特质，你可以把它个人化，增添自己的属性，表格只是帮助你认识自己的一个起点。

写下你的三项特质后，思考这些特质，在日记中深度描写它们。想想为什么你选这三种特质来展现最佳自我。

接着，请两位熟悉你的人列出你的三大特质，请他们描述你给他们的感觉，但不要引导他们往特定方向思考。接着，比较他们的回答和你自己列出的三项特质，两者是否相符？为什么？

CQ 特质

精明	聪明	引人注目	搞笑	见闻广博
性感	威严	平易近人	坚定	关怀慈爱
和善	细心周到	睿智	有野心	机智幽默
嘲讽	热情	激励人心	友善	自信
招摇	有艺术头脑	经验丰富	踏实亲切	优雅
理智	真诚	可靠	关爱	有创意
威风	有同理心	坚强	诚实	直接
坦白	细腻	体贴	热切	活跃

02
让人喜欢还不够，你需要令人无法抗拒

让人喜欢还不够，你需要令人难以抗拒的理由，让大家愿意听下去。

读到这里你可能已经知道，本书的主旨是，人人都是明星，天生拥有明星本色，能否成功展现明星风采，一切由你决定。现在我们一起深入讨论，展现独特自我的方法。

你掌控自己的明星商数，随着你持续闪耀，也会不断重新定义、增进自己的明星商数。但你要怎么知道自己已经成

功发光？如何解读别人的反应，判断你的明星特质是否闪耀？下面就要来看如何衡量明星商数，调整你传达给他人的信息，留下最好的印象。

我们是通过外界的反馈来衡量明星商数的。在明星的世界，反馈是很明确的。这个世界追求的目标是被崇拜与欣赏，进而把那股力量转变成实际的唱片销量、票房或收视率。成败的衡量指针有具体的数字，“我喜欢他”之类的反馈还不够，需要更明确。我们很少直说我们“喜欢”某个偶像，而是言语中带着崇拜欣赏的心情：“她真是有才华、充满创意，而且直接坦率。”我们描述喜欢明星的哪些方面——我们辨识出偶像的明星商数，或是他们最吸引我们的特质。

我的事业伙伴艾多拉自创了一句口号：“Be Bold. Be Heard. Be Admired.”（放胆去做，让人听见，备受推崇。）说到明星商数，这句口号肯定没错。你一定要大胆投入个人品牌或角色，让大家清晰地听见你的信息，才能受到重视。只是让大家看到你或喜欢你还不够，要受到高度的欣赏才能创造成果。

听到我刚刚说的吗？只是让大家看到你，喜欢你，还不够！但很多客户来找我都会说："让我成为超级巨星吧。"我通常回应："好啊，什么特质让你成为明星？你是做什么的？"接着他可能说："大家喜欢我，我擅长很多事情，你希望我做什么呢？"我回答："你自己想做什么？"客户又说："我告诉你了，我说我想成为明星啊！"到这里，我就不想再说下去了。那样的宣言一点都不大胆，没有难以抗拒的提案让人有非常强烈的理由继续听下去或持续交流，没有独特的价值主张，就只是封闭式的对话，不会有理想的反馈。

虽然这位客户想要的结果似乎很明确，但对我来说，还欠缺一个元素——你想成为哪方面的明星？能言善道又招人喜欢的媒体专家？活力十足、性感又多才多艺的演员？热情、好奇又风趣的主持人？总之，他缺了一项元素：他的明星商数。

任何沟通交流都是如此：你有什么难以抗拒的提案，让观众觉得有非常强烈的理由把时间花在你身上，关注你，甚至崇拜你？我们换个方式讲好了：你有什么令人难以抗拒的特质，你的独特价值主张是什么？一切都指向你的明星商数。

你在内心宣称"我是明星"之后，是什么原因让人情不自禁靠过来，想要听你说什么？你可能觉得，你说你是明星，大家就懂了，何必浪费时间证明。但是，广受喜爱的专业明星都知道这点：他们是明星，他们放胆去做，让人听见，备受推崇。他们全心全意地经营公众形象和自我宣传，他们是个人品牌的 CEO。

明星的个人品牌也有一些重要的利害关系人。为了本书的目的，这里只列 4 种重要的关键人物：

1. 明星本人（品牌 CEO）。

2. 经理人或经纪人（负责谈项目的人）。

3. 公关人员（负责建立口碑和公众形象的人）。

4. 粉丝。

这套模式套用在企业环境中，这些人分别是 CEO、财务总裁、营销总裁、客户。接着，我们把模式套在你身上。

你看着自己的品牌，可能心想："哇！我哪里负担得起这些人。""我去哪里找这些人？"其实你不需要大费周章，你自己就是这些人。当然你没有多重人格，我的意思是，你有能力扮演这些角色，提出这些人常问的问题，想办法为你的品牌找到最佳定位。

从以上 4 个截然不同的角度评估你的明星品牌，你会更清楚如何定义自己，以及如何在自我宣传时绽放光芒。成为新的观察者，从不同的观点看自己，会看到很多前所未见的可能性。在我曾经参与进修的教练学院里，我们称之为 OAR，即观察者（observer）、行动（action）、结果（results）的缩写。它的意思是，如果你想要不同的结果，就要先改变你的角度，而不是马上行动。例如，试着从公关的角度而不是粉丝的角度看自己。改变角度后，新的可能行动就出现了。公关的角度会让你看到跟粉丝角度不同的可能性。

明星是和公关及其他重要的利害关系人一起准备访问的，他们知道需要传达的信息，他们接受采访是为了推销他们的产品。同理，你也可以预先准备，思考你想对别人传达哪些个人信息及“产品”（即品牌）信息。现在，花点时间思考你的品牌中 4 个角色的意图，以下是你可以思考的问题：

身为明星品牌的 CEO：

★我的个人品牌是什么？

★它在“市场”上（家庭、职场、社交场合或社群中）有什么价值?

★我的专长是什么?

★我找到令人难以抗拒的提案了吗?

★我想给人什么印象?

身为品牌经纪人：

★我的个人品牌有什么独特价值主张?

★我的独特价值主张为什么令人难以抗拒?

★市场上还有谁和我很像，我如何取得优势，脱颖而出?

★我有没有真的放胆去做，让人听见，备受推崇?

★什么行动可以产生正面的结果?

身为品牌的公关：

★哪三种特质最能以独特又有价值的方式描述我自己?

★我需要努力扭转大众眼中的哪些偏见?

★外界有哪些观点对我不利？

★我在哪种媒体上可以大放异彩？

★我的公关策略是什么？

身为粉丝俱乐部会长：

★我在工作及塑造个人品牌时有多开心？

★我最喜欢哪些活动？

★我可以分享哪些经验？

★我的品牌和角色中，哪些属于比较私人的部分但我想跟大家分享的？

★个人品牌和我自己都会不断进化，接下来该做什么？

我相信很多人都能从一两个品牌利害关系人的观点观察自己。我们面临的挑战是，从更全面、更具策略性的观点看我们的品牌，也就是说，4 个观点都要兼顾。

如果你从所有利害关系人的角度看个人品牌，你对你的明星本色会有更广泛的认知。因此，你沟通明星商数的方式，会更真实地代表你这个人，让你觉得更充实、更满足、更丰富。

反馈是衡量结果的一种方法，你的明星商数与它息息相关。如果你已经确定想要呈现自己的方式，接下来应该了解你实际给人什么感觉。显然，你无法直接问别人："我是否天天都让观众觉得我很……？"但如果你愿意敞开心扉，接纳最直接的反馈，你就能清楚地衡量自己的明星商数。这就是我平时通过教练指导、品牌发展、演讲和课程传授的内容，也是刘瑄庭和我在 AsiaWorks 亚洲行课程中做的事情，我们营造出一个环境，帮你衡量自己的明星商数。但是，在谈如何衡量明星商数之前，我们先来看看明星商数的实际运作。

◎ 从专业到品牌：明星厨师丹妮丝 ◎

我的同事兼好友丹妮丝·维瓦多（Denise Vivaldo）是业界最棒的美食造型师和烹饪节目制作人，我们一起去洛杉矶为厨师及厨艺专家上半天的课程，教他们如何在电视或网络上展现自己及他们的厨艺。在电视上做现场示范并不容易，现场示范是迅速的指导片段，通常是 3~6 分钟，专家会带着观众逐步完成作品、烹饪或挑战任务。现场示范挑战性十足的其中一个原因在于“边说边做”。我们说话时，通常只会注意到传达的信息。相反，我们投入某个任务时，只会注意到当下的动作或步骤。两者同时进行是需要相当技巧的。

丹妮丝是大家最爱的那种直率型大姐，很敢把大家心里的话直说出来，又很会讲故事，言辞犀利精辟、坦率真诚，偶尔还会讲点脏话夸张地表达情绪。和她一起合作课程非常有趣，我们都热爱自己的工作，都为课程带来独特的观点：她非常熟悉烹饪录像的机制，我懂如何塑造品牌。上课的学员包括来自丽思卡尔顿酒店（Ritz Carlton）的厨师。

上课期间，我们讨论的一个主题是品牌经营和明星商数。现在的电视市场有一大堆想成名的厨师（美国的烹饪节目市场非常庞大），你必须很有野心，拥有非常独到的特质才能脱颖而出。只是讨人喜欢还不够，脱颖而出需要专业特质和明星商数。例如，我们指导的一位厨师来自菲律宾，名叫艾德恩，他看起来很有成名的潜力，只要持续精进厨艺，将来一定会有自己的电视节目。他很有魅力，厨艺精湛，也很平易近人，特别擅长简易的菲律宾佳肴。另一位厨师最擅长为 50 岁以上女性烹煮低卡路里的健康料理。她直率又讨喜，也有独特的品牌。我们合作的这些厨师都有自己特别的地方。

这些厨师是诠释明星商数和打造个人品牌的绝佳例子，因为你可以轻易看出他们的专长。不过，这只是其中一部分，另一部分是看他们如何在镜头前展现拿手料理和品牌，就是他们的明星商数。此外，他们经常需要边说边做。这些厨师让我们可以思考几个问题：

★我们的专长是什么？

★我们如何展现自己的才华？

★我们如何描述及展现品牌？

◎ 拒绝别人也是在经营品牌 ◎

维持品牌的一致性需要下功夫。有时候，有人可能要求你做不想做的事，或是提出你根本做不到的要求。对很多人来说，拒绝别人非常困难。我听说这在某些文化里更棘手。不过，我觉得“回绝”也是完成沟通循环的一种方式。当你从这个角度看时，“回绝”就不再是自断前程，只是略过一次机会。但是，话又说回来，每次听到别人拒绝我们，我们有多少次把它视为别人否定我们，或否定我们的能力？

我在职业生涯中曾经被同一位明星拒绝了三次，她的回绝很有意思，每次都让我觉得自己很特别。没错，我反而感觉良好。你仔细想想，这挺妙的，不是吗？

身为制作人兼邀约者，我经常发出访谈邀约，通常邀约会先经过公关。所以，我想访问这位明星时，要先发送电子邮件访谈邀约给她的公关，每次都收到婉拒信。

在娱乐圈和美国企业界，回绝信通常是一种简单的表态，但是别具巧思的婉拒信显得格外不同。我收到的回绝信不仅别具巧思，而且不是制式的，至少我没有收到制式回应的感觉，因为我收到的三封回绝信都不一样，而且三封都一样地迷人、和善、得体。我觉得这三项特质也充分形容了那封回绝信背后的明星——多莉·帕顿（Dolly Parton）。

这个故事为什么与我们的主题有关？因为它表明多莉·帕顿和她的利害关系人随时随地都掌握着她的明星商数，她总是给人和善、踏实的印象。即使是回绝访谈或其他邀约，她也总是很和善，维持个人品牌的完整性。我们也可以忠于自己的明星本色和明星商数。面对为难的事，我们不见得要妥协。身为明星，就要维持清晰、自信和魅力。

◎ 找出三个代表你的 CQ 特质 ◎

衡量明星商数并不困难，我们已经提过，找出三个你最想传达给别人的个人特质，用 1~5 分的加以衡量，5 分表示效果最强，1 分表示效果最弱。三者结合起来，最高总分是 15 分。总分达到 12 分及以上，就属于高明星商数。低于 12 分，表示你需要回头用 3C 加强明星本色。如果你达到 12 分以上，你已经展现出你想要留给别人的印象，应该持续精进。

衡量自己的明星商数可能不是那么容易，所以反馈很重要，信任也是。刘瑄庭和我利用这套流程在课程中指导学员。我们请学员准备一分钟自我介绍，说明他们是什么人、从事什么工作。准备简短的自我介绍时，学员要谨记他们想传达的三个特质，也就是他们的明星商数。他们不能告诉大家那三个特质是什么，而是直接做一分钟的自我介绍。介绍完，大家才来猜那个人的三大特质，并以 1~5 分来评估每个属性。如果得到 12 分以上，那表示这个人有不错的明星商数；如果没有得到 12 分，就需要再加强。

改善明星商数的方式是不断地练习及经常地评估。你可以找出你的三大特质，从各种利害关系人的观点，检讨那些特质。接着，通过反馈来评估你给别人的印象。秘诀就是请你不认识的人给你反馈，亲朋好友的评估往往有失偏颇。

摘要

★我们通过外界的反馈来衡量明星商数。反馈的形式可能是结果，也可能是对方的回应。

★从多种观点评估自己的明星品牌，更能清楚了解自我宣传时如何定位自己。

★即使必须拒绝别人，也要忠于自己的明星商数。

★以 1~5 分（5 分表示最强，1 分表示最弱）评估你的三大特质，就能算出明星商数总分。如果明星商数总分是 12 分以上，表示你有不错的明星商数，应该继续精进；如果未达 12 分，可以检查自己的 3C，找出你需要加强的能力，提升明星商数。

个人探索练习

准备一分钟自我介绍，写下你是谁、从事什么职业、你代表什么价值。准备自我介绍时，记得你想传达的明星商数特质。

接着，找一位陌生人当你的观众，对着他自我介绍。之后请他说出你带给他的三个印象，不要提醒他任何关键词，让对方自己说。多找一两个人，重复同样的练习，看结果如何。

结语

找到你心中的声音

本书讨论的所有概念和实用工具，背后都有一个关键因素,那也是达成明星沟通的关键，即找到你心中的声音。

校准、设计过的信息和呈现的风格很重要。有效沟通、自我宣传和明星本色都需要这两个技巧。不过，明星商数还需要更多，成败的关键在于找到你心中的声音。

你的心声就是你内心迫切希望与世界分享的事物。我相信，它是最纯净无杂质的存在，没有任何先入为主的诠释。它产生共鸣，带给我们力量。但是，它常常被囚禁在我们内心深处，被别人定义我们的方式、我们自以为需要展现的方式、社会压力等困住。别误会我的意思，那些外在的力量确实有存在的目的，它们为我们提供参考点，是每一天的生活现实会面临的压力，但我们可以把那些外力放进背景里思考，不要让它们指挥或局限我们的心声，我们可以选择。选择是由内而外的历程，你会找到自己的心声，与世界分享。

我们内心的声音和我们表达的信息是不同的，你可以把它们想成“听见”（hearing）和“聆听”（listening）。你可以听见他人说话，加以诠释，然后回应。你知道对方想通过文字和信息传达的意思。例如，“我希望你多注意我”“我想卖给你这个产品”或“下周二跟我一起参加这个社群活动”。接收者可以听到这些概念，做出回应。但是，这个信息中还蕴藏着心声，是没有明确提出来的要求。例如，上面的例子可能是在说“我希望被重视”“我有难以抗拒的提案”“我想跟你在一起”。这些都是非常真实的情感和经验，我把这种深层的表达称为“更高的价值”（higher value）。

沟通中，更高的价值是指你想表达、想和他人分享的情感、共鸣或渴望。我们的心声是由更高的价值构成的，例如，参与教学用具募款的家长会成员都了解教育的重要，但他们的更高价值是家人、他们的社群和共同的未来。我们内心真实的声音，蕴藏着某种非常私密又重要的东西，即更高的价值。

你在书中一再读到，每个人都是很特别的人，你也是独一无二的。如果甘于平庸，刻意遮掩光芒，不善用明星本色，就是一种压抑心声的选择。像明星那样闪耀，把握焦点时刻，就是在邀请你分享自己内心的声音。例如，开会时，你有机会分享你对公司的贡献；约会时，你有机会分享私密的经验；吵架时，你有机会分享你的信念和热情。身为明星，站在镁光灯下，你不仅需要知道自己的明星商数，还需要知道藏在明星商数背后的更高价值。

◎ 闪耀是一种不断演化的经验 ◎

你的明星商数和个人品牌是一种不断演化的经验。你就像明星，不一定会某天醒来突然变成电影的主角。你需要努力让自己成为主角，即使你真的有幸一夜成名，还是需要持续进行自我宣传。

你的明星商数会改变，它不是永远固定的。随着你的成长，可以调整自己的明星商数，你愿意的话，你内心的声音也会持续演变。许多人都有办法重新改写自己的故事，迎接成功。我很佩服勇于以真实、真诚的方式持续经营个人品牌的人们，我也希望你能做到。希望你能持续成长，在职场、家庭、朋友之间、社群领域大放异彩。

◎ 属于你的故事 ◎

我很荣幸有机会跟各位分享我接触明星的经验。无论长短，每个故事都对我后来持续发展沟通技巧有很大的影响。本书提到的一切，都是以我的体验学习为基础展开的。

年轻时，我让自己深入明星与媒体的世界，因此有机会遇到各个领域的无数名人，那些体验让我更谦卑，我曾在一些得奖演员刚出道时采访过他们，指导过白金唱片级的艺人，训练过在数千人面前演讲的专家。然而，我觉得最有成就感的工作，是在教室里指导像各位一样的素人明星。

一路走来，现在的我对当年那些八年级的学生充满感激，她们让我发现自己沟通的问题。童年的转折点启动了我的学习历程，直到今天。在这个过程中，许多强大的影响力塑造了我，我很感谢格雷丝奶奶，她是我第一个，也是我最好的朋友，她是我儿时的偶像，更是我的终生榜样。我也很感谢艾多拉和刘瑄庭，他们拓宽了我的视野。我从来没想过我的工作可以从好莱坞延伸到亚洲。随着我的故事持续发展，我非常感谢我有机会和全球各地、来自各行各业、不同背景的素人明星交流。

你的学习也可以帮你达成明星级的沟通，就像我自己的体验帮助我设计出这一套概念一样。你要挑战自己，成为不断学习的人：学习如何成为明星，了解成为明星的意义。你周围的世界、家庭、事业都需要你像明星一样，大放光彩。

现在，换你诉说你的故事了，这是你以素人明星的身份站到镁光灯下的时刻，好莱坞就在你的心中，你就是明星。分享你内心的声音，站在镁光灯下，那是属于你的地方。就从这里开始，现在就写下几句话。

下定决心，永远都要展现特别的你。继续说你的故事，运用这本书中的工具，帮助你判断，该把力量集中在哪里才能最成功地展现你的明星特质。

你可以思考一下书中反复提过的概念，在心中产生共鸣并充分吸收：价值（value）、连接（connection）、投入（commitment）、真实（authenticity）、背景（context）、一致（consistancy）、吸引（engagement）、尊重（respect）。

另外，以下摘要也可以帮到你：

★沟通的 12 项原则

★沟通的 6 个关键词

★明星沟通蓝图

设计这些摘要是为了浓缩所有的实务经验和概念。你可以利用它们，加上你自己记录的重点，作为起步的参考点。

附录

沟通的12项原则

★原则1：明星的世界是靠自我宣传运转的，超级明星们都展现出他们想让大家看到的样子。

★原则2：我们都是明星。没错，我们每个人都是。

★原则3：明星不是一种心境状态，而是一种存在方式。

★原则4：明星本色就是展现独一无二的强大气场。

★原则5：改变内在对话，用清晰的眼光看见自己。

★原则 6：掌握你的观众、议题和行动号召，就能发挥强大的自我宣传力，这就是 A 元素。

★原则 7：自信有两种：相信你传达的信息是有价值的，相信呈现在别人面前的那个“你”。

★原则 8：当你投入全部身心表达自我时，就会充满自信。

★原则 9：魅力是以独特、真实的自己吸引观众的能力。

★原则 10：厘清范畴沟通是最有效的沟通形式。

★原则 11：通过明星商数设计、规划与管理你给别人的感觉。

★原则 12：让人喜欢还不够，你需要令人难以抗拒的理由，让大家愿意听下去。

沟通的6个关键词

★明星本色：知道自己也有明星那样的影响力，选择认真明确地展现公众形象。这是选择该透露哪些个人信息、如何展现，以及在什么场合展现的能力。你是有独到特质的名人，经常需要站在镁光灯前。

★难以抗拒的提案：最真实、最特别的自我所提出的独到机会。这是指我们潜入最真实的自我，取出对他人来说难以抗拒的东西。

★表里如一的宣传艺术：一种沟通技巧，传达你的个人特质及难以抗拒的提案。这是为需要听你信息的人量身打造的：向特定的对象清晰地确立自我定位。

★强大的气场：以最佳自我展现出来的气势，这是真实自信的具体体现。当你在需要时挺身而出，而且内外能量相互呼应的一种状态。

★共鸣契机：你和他人有共同点、共同经验、类似兴趣的情况。这是培养关系的关键要素，需要分享一点关于自己的信息。

★明星商数：沟通与吸引他人的蓝图，这是用来衡量你设计、规划、管理的明星本色，你可以借此追踪与维持你想给人的印象。明星商数始于找出三种能真实代表自我的最佳特质。

沟通蓝图

<table>
<tr><td colspan="3" align="center">成为明星

你已经是明星了，不必大费周章</td></tr>
<tr><td colspan="3" align="center">明星本色

在镁光灯前大放异彩的能力</td></tr>
<tr><td align="center">清晰</td><td align="center">自信</td><td align="center">魅力</td></tr>
<tr><td>★ A 元素

★难以抗拒的提案

★共鸣契机</td><td>★信息的价值

★展现专业度

★有力量的呈现</td><td>★有效沟通循环

★清楚的区分

★品牌一致性</td></tr>
<tr><td colspan="3" align="center">明星商数

找出、投入、管理你的明星特质：

在镁光灯前，你想如何大放异彩</td></tr>
</table>

给自己的挑战

你的挑战是把本书的工具应用到你的日常生活中，持续在本书及你的生活中写下你的明星故事。改变可能不会马上出现，那需要时间，就像开始一项新的运动一样。要有耐心，并持之以恒。

下次你要自我宣传、推销，或认识、连接、以言语吸引别人/群众时，记得先问自己两个重要的问题：

1. A 元素是什么？

2. 我的明星商数是什么？

用这两个工具确立你的沟通思维，同时注意

表达方式。

★ 你是否具体展现强大气场？

★ 你有没有 3C：清晰、自信和魅力？

★ 你是否掌握了明星本色？

随时随地绽放光采

明星沟通看似简单，其实并不容易。你需要每天专心投入明星本色，那是不断演进的过程，有极大的潜力，值得你付出全力开发。

如果你不掌控自己表达的信息，等于是放任别人操控信息。不要让别人的决定掩盖了你内心的声音，不要因为社会压力而遮蔽自己的光芒。让你独特的自我以最佳的方式自然地绽放出来，你随时随地都可以像明星一样和任何人沟通。

说到底，问题不在于你是不是明星，而在于你是否选择站在镁光灯前，大放光芒。

拥有这本书，就像拥有专属的明星养成团队。辅导过中西名流的 Jess 和 Emily 在书中将他们魅力四射的课程转化为文字，通过实例分享与每章节中的个人探索练习，让读者循序渐进地正视自己的内在特质。无论你的舞台在哪里，你都能成为闪亮的明星。而更美好的是，Jess 和 Emily 让你知道，那个明星就是那唯一、无可取代的自己。

轩尼诗高端系列中国品牌总监 郑俐（Li Cheng）

每个人在上帝的眼中都是完美无瑕、独一无二的创造，愿这本书能帮助每一个想要找到自己独特恩赐的人！

添柏岚（Timberland）中国总经理 吴美君（Olga Wu）

这本书没有魔法，也没有一蹴而就的快捷方式。但是两位作者把对人的敏锐观察及从工作实战中提炼的宝贵经验，加上直接、灵活的指引，灌注在字里行间。这不单是一本有趣的书，更是实用的书。

香港亚洲行董事，中国爱玺达导师学院院长 邓柱明（Bernard）

Emily 和 Jess 的指导涵盖了大家平常不易察觉的关键，从沟通的范畴、内容，沟通元素的拆解，技巧的精进，到成功发挥个人的魅力。

台湾渥盛集团（Awesome Group）董事总经理 卢均瑜

两位好莱坞明星级的沟通及演说专家教会我一件事，原来面对面的沟通，最重要的不在于你说什么，也不在于你的逻辑强弱，重要的是你能不能讲得“神采飞扬”！

台北汉英得力法律事务所 陈镇宏律师

通过《闪耀独一无二的你》这本书，Emily 和 Jess 引导我们找到、真正拥有我们各自独有的特质！非常感谢 Emily 和 Jess 的启发和鼓励！

中国说唱歌手 Al Rocco

每个人，都有自己所独一无二的特质，每种特质都没有绝对的好与坏。你要做的，就是把与生俱来的礼物放在对的位置，用适当的方式，让它发光！相信自己吧！

知名歌手 林育群